人工智能与大数据专业群人才培养系列教材

U0192620

数据库技术及应用

主　编　陈翠松　王莹莹　赵　静
副主编　韩国新　曹党生　高晓宇
参　编　曾确令　郑超亮　王丽娟　刘　刚
　　　　华　光　赵云龙　钱民康

电子工业出版社

Publishing House of Electronics Industry

北京·BEIJING

内 容 简 介

本书以 MySQL 数据库管理系统为平台，系统地介绍数据库的基础知识及应用。本书包括 12 个项目，分别为初识数据库，安装与使用 MySQL，数据库设计基础，建库建表基础操作，数据的简单查询，数据的插入、修改和删除操作，数据的高级查询，设置数据完整性与索引，多表查询应用，使用视图，数据库编程，以及管理数据库。本书采用贴近学生实际情况，告别模拟数据，突出实操，强调应用，引、教、学、练、忆、训、思相结合的方式不断深入讲解。

本书既可以作为高等职业院校计算机相关专业和非计算机专业的学生数据库基础与数据库设计等课程的教材，又可以作为计算机软件开发人员、数据库操作人员、数据库设计人员、数据库管理人员、数据库维护人员、软件维护人员和广大数据库爱好者的自学教材或备查手册，还可以作为全国计算机等级考试二级 MySQL 数据库程序设计和"1+X"计算机类职业技能等级考试数据库技术的参考用书。

图书在版编目（CIP）数据

数据库技术及应用 / 陈翠松，王莹莹，赵静主编. —北京：电子工业出版社，2023.11（2024.7 重印）
ISBN 978-7-121-46615-1

Ⅰ. ①数… Ⅱ. ①陈… ②王… ③赵… Ⅲ. ①SQL 语言—数据库管理系统 Ⅳ. ①TP311.132.3

中国国家版本馆 CIP 数据核字（2023）第 214117 号

责任编辑：李　静
印　　刷：固安县铭成印刷有限公司
装　　订：固安县铭成印刷有限公司
出版发行：电子工业出版社
　　　　　北京市海淀区万寿路 173 信箱　　　邮编：100036
开　　本：787×1092　　1/16　　印张：16.75　　字数：377 千字
版　　次：2023 年 11 月第 1 版
印　　次：2024 年 7 月第 2 次印刷
定　　价：49.80 元

前　言

随着计算机技术的飞速发展，计算机的应用范围越来越广，并且深刻影响着我们生活、工作和学习的方方面面。目前，在计算机应用中，绝大多数的应用程序都是基于数据库的应用开发的，因此可以认为我们生活在数据库的包围之中。随便打开一个手机 App 或计算机应用程序，显示数据需要数据库的支持，注册、登录和查询需要数据库的支持，下单和付款等也需要数据库的支持。市场对数据库技术的需求必然会反馈到教学中。"数据库技术"已成为计算机相关专业的一门非常重要的基础课程，很多非计算机专业也开设了"数据库技术"课程。

目前，广受欢迎的开源数据库是 MySQL。MySQL 具有开放、开源、易用等特点，因此 MySQL 一直是中小型企业应用数据库开发的首选数据库管理系统。本书以 MySQL 为数据库服务平台，以 Navicat for MySQL 为可视化操作平台。

本书采用项目导向、任务引领、问题驱动的编写思路，以粤文创数据库为主线组织教学内容，并将其作为任务示例和任务实施的操作对象，以点餐系统作为学生实训的操作对象。双线并行，相互独立，同步展开，贯穿全书。

本书采用引、教、学、练、忆、训、思相结合的组织方式，全方位帮助学生提升技能。第一，展示任务清单，明确学习目标，完成引导任务；第二，通过"知识储备"介绍相关知识；第三，通过示例帮助学生学习；第四，通过"任务实施"让学生加强练习；第五，通过"巩固与小结"帮助学生巩固和串通知识；第六，通过"任务训练"完成真实工作；第七，通过"习题"帮助学生理解、消化和应用知识。

本书包括 12 个项目，分别为初识数据库，安装与使用 MySQL，数据库设计基础，建库建表基础操作，数据的简单查询，数据的插入、修改和删除操作，数据的高级查询，设置数据完整性与索引，多表查询应用，使用视图，数据库编程，以及管理数据库。本书内容设计为 4 级，逐级加深，层层递进，迭代前行。在完成数据库相关基本准备工作（项目 1～2）后，项目 4～7 构成第一级，完成简单的数据库操作；项目 8～10 构成第二级，完成比较复杂的数据库操作；项目 11～12 构成第三级，完成高级的数据库操作；·项目 3 构成第四级，完成数据库设计（建议学生在有一定的基础之后再学习项目 3）。

本书强调理论联系实际，帮助学生理解所学知识。首先通过学生的手机和计算机发现数据库，然后以广东各地的民俗、名人和城市荣誉作为教学内容、示例内容及任务内容。

本书在讲解数据库理论时应用了大量类比，这些类比也是学生比较熟悉的生活常识。

本书在精选教学内容时，充分考虑了全国计算机等级考试二级 MySQL 数据库程序设计和"1+X"计算机类职业技能等级考试数据库技术的内容，并有机地融入教材中，可为以上考试提供有效的支持。

本书注重立德树人，以社会主义核心价值观为引领，传承弘扬中华优秀传统文化，深入学习贯彻党的二十大精神，引导学生形成正确的世界观、人生观和价值观，为社会培养造就德才兼备时代新人贡献力量。

本书提供了多媒体教学课件、演示案例、习题答案、任务源代码等资源，教师可以到华信教育资源网下载。

本书配有精品课网站，请有需求的师生进入网站学习，可通过扫描以下二维码进入精品课网站。

本书由陈翠松、王莹莹、赵静担任主编，由韩国新、曹党生、高晓宇担任副主编，参与编写工作的还有曾确令、郑超亮、王丽娟、刘刚、华光，以及企业工程师赵云龙、钱民康等。在本书编写过程中，广东机电职业技术学院、广东泰迪智能科技股份有限公司和广州腾科网络技术有限公司的领导提供了大力支持，在此向他们表示衷心的感谢。

由于编者水平有限，书中难免存在不足之处，敬请广大读者批评指正。

编　者

2023 年 3 月

精品课网站

目　　录

项目 1

初识数据库

【知识目标】

（1）理解数据库的基本术语。

（2）了解数据处理技术的发展过程，加强对数据库内涵的理解。

（3）了解目前主流的关系型数据库。

【技能目标】

（1）具备及时获取行业发展动态的能力。

（2）具备一定的观察、比较和分析能力。

【素养目标】

（1）养成善于观察和分析的习惯。

（2）养成对新事物充满好奇、勇于探索且敢于创新的习惯。

（3）培养勇于面对差距、冷静思考和奋发图强的自主创新精神。

【工作情境】

小王计划进入数据库操作和设计工作岗位，但他仍面临不少问题：数据库是什么？数据库在哪里？数据库有没有基本术语？如何与同行交流？

【思维导图】

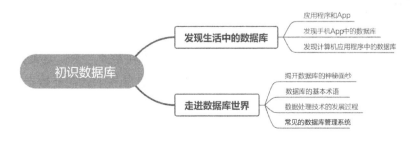

任务 1　发现生活中的数据库

【任务分析】

面对数据库，一片茫然的小王无奈地打开手机，随意看着手机中的 App，突然，他好像有所感悟，App 的注册、登录和显示信息都需要数据。小王发现原来数据库就在自己身边，并且无处不在，深刻地影响着自己的生活。

小王对粤文创项目进行分析后得到的任务清单如下。

任务编号	任务内容
任务 1-1	分析并确定自己手机中的哪些 App 需要数据库的支持，哪些 App 不需要数据库的支持
任务 1-2	分析并确定自己计算机中的哪些应用程序需要数据库的支持，哪些应用程序不需要数据库的支持

【知识储备】

1. 应用程序

应用程序是指为了完成某项或多项特定工作的计算机程序。应用程序运行在用户模式下，可以和用户进行交互，具有可视的用户界面，如 WPS、Office 和 QQ 等。

2. App

App（Application，应用程序）其实就是应用程序。在日常生活中，我们一般将手机软件称为 App，即 App 主要是指安装在智能手机上的软件。

3. 发现手机 App 中的数据库

每个人的手机中都安装了很多 App，请思考哪些生活场景需要数据库的支持。

（1）很多 App 需要先登录才能使用，如果第一次登录没有成功，就需要先注册。没有注册就无法登录是因为系统中没有用户的信息。注册就是把用户的信息写入数据库中，登录就是在数据库中查找该用户是否存在。

（2）成功登录后看到的信息会因人而异，如微信群列表、QQ 群列表和腾讯会议的历史记录，每个人的列表都不一样，但自己的列表好像每天都差不多，只有在新加入群或退出群时，自己的群列表才会发生变化，并且是马上改变。列表信息都保存在数据库中。

（3）有些 App 不需要登录也能查看信息，如手机应用商店、京东、淘宝和拼多多等，而且用户看到的信息差不多，但在不同时间看到的信息可能不一样，这是因为平台经常上传新产品。手机应用商店、京东、淘宝和拼多多的信息显示就需要数据库的支持。

（4）在开通一条新地铁线或公交线后，在高德地图中查找出来的公交地铁出行方案可能与上次的出行方案又有所不同。高德地图需要数据库的支持。

（5）火车运行时刻表经常调整，在铁路 12306 App 上查询目的地火车出行方案时，数据也在不断地变化。陈老师已经多年没有回老家了，在铁路 12306 App 上查询发现没有回老家的直达火车。火车出行信息的展示需要数据库的支持。

因此，以上场景都需要数据库的支持。其实，我们手机中绝大部分的 App 都需要数据库的支持。

4．发现计算机应用程序中的数据库

很多手机 App 是随着移动通信的发展而涌现的，在这些 App 出现之前，其实其在计算机上存在已久，如 QQ、京东和淘宝，因此这些应用程序同样需要数据库的支持。

计算机中安装的各类信息系统管理软件、互联网游戏、电商平台和线上学习平台等都需要数据库的支持。

【任务实施】

任务 1-1　分析并确定自己手机中的哪些 App 需要数据库的支持，哪些 App 不需要数据库的支持。

每个人的手机中安装的 App 有所不同，所以得到的答案可能不一致。需要数据库支持的 App 非常多，如微信、京东、抖音、淘宝和快手等，其实绝大多数的 App 都需要数据库的支持。不需要数据库支持的 App 比较少，如日历和计算器等。

任务 1-2　分析并确定自己计算机中的哪些应用程序需要数据库的支持，哪些应用程序不需要数据库的支持。

每个人的计算机中安装的应用程序有所不同，所以得到的答案可能不一致。相对于手机 App 而言，计算机中的应用程序不需要数据库支持的要多一些，如 Office、Photoshop 和浏览器等。一般来说需要注册的 Web 应用程序都需要数据库的支持。

任务 2　走进数据库世界

【任务分析】

微信、QQ、腾讯会议、京东、淘宝、拼多多、应用商店、高德地图和铁路 12306 等 App 都需要数据库的支持，但我们没有办法深入了解它们的数据库的设计。为了揭开数据库的神秘面纱，下面以粤文创项目为研究对象，进一步探索数据库的内涵，了解数据库的基本术语、发展，以及常见的数据库管理系统。

小王对粤文创项目进行分析后得到的任务清单如下。

任务编号	任务内容
任务 1-3	分析知名的数据库管理系统
任务 1-4	分析知名的国产数据库管理系统

 【知识储备】

1. 揭开数据库的神秘面纱

1）数据库在哪里

粤文创项目规划为手机 App，其框架如图 1-1 所示。在手机端的操作，即服务请求，通过网络发送给服务器，如果有数据操作，那么服务器再向数据库服务器发送数据请求，数据库服务器完成数据读取和处理后，将数据返回给服务器，服务器将操作结果和数据返回给手机。数据库服务器隐藏得比较深，不好找，但数据库服务器比较安全。数据库在数据库服务器中。

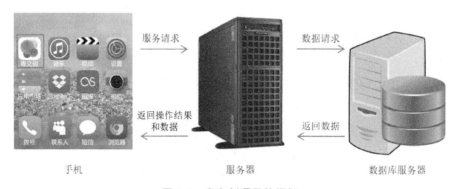

图 1-1 粤文创项目的框架

2）数据库为何物

你住在哪个小区？幸福小区。请问是真的住在幸福小区吗？其实不是直接住在幸福小区中，而是住在幸福小区的某个单元中，如 1-1603 室。所以，地产开发商购买地皮后，小区就已存在，但不能直接入住，还必须在小区中一栋一栋地盖楼房，人是住在楼房中的。

数据库就相当于生活中的小区，所以数据库并不能直接保存数据，但数据库中有很多表，这些表就相当于小区中的楼房，数据其实是保存在表中的。粤文创项目包含很多表，如图 1-2 所示。

3）表为何物

数据库不但与生活中的小区相似，而且与 Excel 工作簿更相似。Excel 工作簿中包括多个工作表，如图 1-3 所示。

地区表 area

地区编号	中文名	外文名	别名	地理位置	面积(平方千米)	人口数量(人)	电话区号	车牌代码
5810	广州	Guangzhou,	穗、花城	广东省中南部	7238.46	18810600	020	粤A
5820	韶关	Shaoguan (	韶州、韶	广东省北部	18412.66	2860100	0751	粤F
5840	深圳	Shenzhen	鹏城	广东省南部沿	1986.41	17681600	0755	粤B

荣誉表 honor

记录编号	地区编号	荣誉称号
1	5937	国家园林城市
2	5937	国家卫生城市

名人表 celebrity

记录编号	地区编号	姓名	人物简介
1	5937	惠能	中国佛教禅宗六祖，俗姓卢，唐代新州（今新兴县）夏卢村人
2	5937	陈集原	（生卒年不详），泷州（今罗定市）人。唐代冠军大将军行左

民俗表 folk

编号	地区编号	民俗名称	民俗介绍
190	5937	长卷祈福	长卷祈福是广东省罗定市特色春节文化活动，是广东省"一城一特"21个特色春节文化活动之一
191	5937	烧炮	烧炮是岭南历史悠久的民间风俗之一。民间传说中的北帝是我国古代神话中的司水之神，相传

工作人员表

工号	姓名	职称	性别	民族	出生日期	籍贯	手机号
6	张宏峰	副研究员	男	汉族	1988/10/09	广东广州	138383XX383
11	陈麟	副研究员	男	汉族	1986/08/01	广西南宁	13111XX678
12	李欣	助理研究员	女	汉族	1992/06/01	江西南昌	133333XX666

工作计划plan

计划编号	计划名称	制订者工号	发布时间	审核者工号	审核时间	计划开始时间	计划结束时间	计划内容
1	2023春惠州	6	2023/1/31	11	2023/1/29	2023/4/1	2023/4/5	罗浮山、惠州西湖、大亚湾、双月湾

工作计划参与人员表participant

记录编号	计划编号	工号	工作职责	工作要求	备注
1	1	12	解说员	持证上岗	无

工作计划项目表planforproject

记录编号	计划编号	项目编号	类型	备注
1	1	1	1	
2	1	2	1	

图 1-2　粤文创项目包含的表

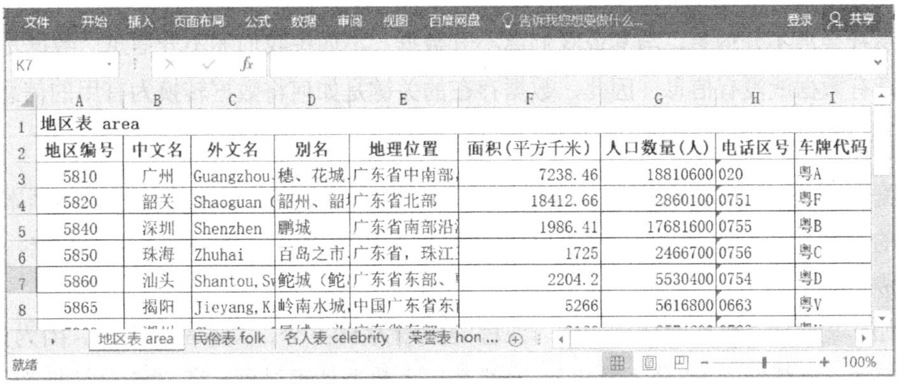

图 1-3　Excel 工作簿中的表

数据库中的表与 Excel 工作簿包含的工作表相似，都是二维的。每列称为一个字段，表中共有 8 个字段，列标题称为字段名，每个字段都有字段名，每行称为一条记录，表中共有 3 条记录，每个单元格用来保存数据，表中共有 24 个数据，如图 1-4 所示。

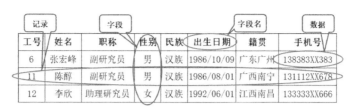

图 1-4 表

2. 数据库的基本术语

1）数据

简单来说，数据表中的内容都是数据。

数据是对事实、概念或指令进行表达的一种形式，是通过观察、实验或计算得到的结果。数据有多种表现形式，如数字、文字、图像和声音等。例如，520、59.5、"科学家"和"中国"等都是数据。

有人说软件系统是三分技术、七分管理、十二分数据，这充分说明了数据的重要性。数据作为数字经济和信息社会的核心资源，被誉为"21世纪的石油和钻石矿"，正逐步对国家治理能力、经济运行机制和社会生活方式产生深刻影响。数据、土地、劳动力、资本和技术并称为5种生产要素。显然，数据也是数据库的核心。

2）信息

数据的目的是为信息服务。

数据经过解释并赋予一定的意义之后就成为信息。信息论的奠基人香农认为"信息是用来消除随机的、不确定性的东西"。例如，考完"数据库技术"这门课程后，有的学生的心可能一直悬着（不确定），当老师告诉他们考了100分之后，他们才放心（确定了）。

信息社会离不开信息，与其说我们离不开数据，不如说我们离不开信息。数据是信息的载体，没有数据就没有信息，因此，数据存在的关键是如何将数据转换为有用的信息。

3）数据处理

数据处理是对数据进行采集、存储、检索、加工、变换和传输的过程。其基本目的是从大量的、杂乱无章的且难以理解的数据中抽取并推导出有价值、有意义的数据，即将数据转换成信息。

例如，某同学"数据库技术"这门课程的成绩为59.5分，大家都很惋惜，因为只差0.5分就及格了（成绩低于60分不及格），这就是一个数据处理过程，将59.5分转换为不及格。

又如，"数据库技术"这门课程的成绩为75分，张小山看到成绩后非常开心，因为他担心这门课程会不及格；李小红看到成绩后很平静，因为考试成绩与她的预期成绩一致；王小五看到成绩后很不开心，因为他想考满分。同样的数据，如果处理程序不同，那么得到的结果也可能不同。

4）数据库

数据库是存储数据的仓库，是一个长期存储在计算机内、有组织、可共享、统一管理的大量数据的集合。可以将数据库看作一个电子化的文件柜，用来分门别类地存储资料，用户还可以对数据执行增加、删除、修改和查询等操作。本书以粤文创数据库为对象展开介绍。

5）数据库管理系统

数据库管理系统（DataBase Management System，DBMS）是一种操纵和管理数据库的软件，用于建立、使用和维护数据库。它对数据库进行统一的管理和控制，以保证数据库的安全性和完整性。用户通过数据库管理系统访问数据库中的数据。数据库管理系统其实就是数据库服务器，如 MySQL。

6）SQL

结构化查询语言（Structured Query Language，SQL）是一种数据库查询和程序设计语言，用于存取数据，以及查询、更新和管理关系型数据库系统。SQL 也是目前数据库的国际标准。SQL 主要包括以下内容。

- 数据定义语言（Data Definition Language，DDL）：CREATE（创建）、ALTER（修改）和 DROP（删除）。
- 数据查询语言（Data Query Language，DQL）：SELECT（查询）。
- 数据操作语言（Data Manipulation Language，DML）：INSERT（添加）、UPDATE（修改）和 DELETE（删除）。
- 事务控制语言（Transaction Control Language，TCL）：COMMIT（提交）和 ROLLBACK（回滚）等。
- 数据控制语言（Data Control Language，DCL）：GRANT 和 REVOKE。
- 指针控制语言（Cursor Control Language，CCL）：DECLARE CURSOR、FETCH INTO 和 UPDATE WHERE CURRENT。

数据库的命令是有规律的，可以按照上述分类来学习，如建库、建表、建索引、建视图和建存储过程等都要用 CREATE。SQL 的内容比较多，读者可以先重点掌握数据定义语言、数据查询语言和数据操作语言。

7）NoSQL

NoSQL 最常见的解释是"non-relational"，但"Not Only SQL"也被很多人接受。NoSQL 仅仅是一个概念，泛指非关系型数据库。NoSQL 不保证关系数据的 ACID 特性。

ACID 是指数据库管理系统在写入或更新资料的过程中，为了保证事务的正确、可靠，必须具备的特性，分别为原子性（Atomicity）、一致性（Consistency）、隔离性（Isolation）和持久性（Durability）。

8）NewSQL

NewSQL 是各种新的可扩展、高性能数据库的简称，这类数据库不仅具有 NoSQL 对海量数据的存储管理能力，还保持了传统数据库支持 ACID 和 SQL 等特性。

9）数据仓库

随着数据量的增加，数据库的性能会随之降低，为了提高性能，一般将历史数据导出进行备份。将大量异构数据集成起来，作为中层和高层管理人员进行预测、决策与分析的依据，由此产生了数据仓库。

数据仓库是一个面向主题的、集成的、相对稳定的、反映历史变化的数据集合，是为企业所有级别的决策制定过程提供所有类型数据支持的战略集合。

10）大数据

对于大数据，麦肯锡全球研究所给出的定义是，一种规模大到在获取、存储、管理和分析方面大大超出传统数据库软件工具能力范围的数据集合，具有海量的数据规模、快速的数据流转、多样的数据类型和较低的价值密度四大特征。

IBM 提出的大数据的 5V 特点分别为 Volume（大量）、Velocity（高速）、Variety（多样）、Value（低价值密度）和 Veracity（真实性）。

3. 数据处理技术的发展过程

1）人工管理阶段

在计算机出现之前，人们运用常规的手段从事记录、存储和加工数据，如利用纸张来记录数据，利用算盘、计算尺等工具计算数据，使用人的大脑管理和利用数据。

20 世纪 50 年代中期，计算机发展刚刚起步，还没有专门管理数据的存储设备，所以计算机主要用于科学计算。

其实，在初学程序设计时，刚开始编写的程序是没有"数据保存"概念的，每次运行程序都要输入数据，查看运行结果，关闭程序后运行结果就会消失。如果需要再次查看运行结果，就需要再次运行程序，并且再次输入数据。

2）文件系统管理阶段

20 世纪 50 年代后期至 60 年代中期，随着计算机硬件和软件的发展，磁盘和磁鼓等存储设备开始普及，可以先把计算机中的数据组织成相互独立的、被命名的数据文件，再按照文件名访问数据。一旦有了数据文件，数据就可以长期保存在计算机外存上，可以对数据进行反复处理，并且支持文件的查询、修改、插入和删除等操作。

文件系统可以长久保存数据，并且数据与程序间有一定的独立性，数据可以共享，但数据管理比较困难。随着数据管理规模的扩大，数据量的急增，文件系统难以适从，存在的主要问题是数据冗余大、数据一致性差和数据独立性差等。

当学习一门程序设计语言时，一般先学习基础内容，再学习文件操作，并且主要通过文件保存数据和操作数据。

3）数据库系统管理阶段

自 20 世纪 60 年代后期以来，计算机的性能得到进一步提高，出现了大容量磁盘，存储容量大大增加。同时，在实际应用中，多个用户、多个应用程序共享数据的要求越来越多，数据库系统的数据管理技术随之产生。数据库的特点是数据不再只针对某个特定的应用，而是面向全组织，具有整体的结构性，共享性高，冗余度减小，程序与数据之间的独立性高，并且能对数据进行统一的控制。

在学完程序设计语言后，就会发现系统需要越来越复杂，并且出现了大量难以解决的问题，如大量数据处理、并发数据处理等。于是，急需学习一门新课程，即"数据库技术"，专门用于处理数据。随着学习的深入，可以发现数据库技术好像与每门程序设计语言都有关系。

数据库技术一直在不断发展和完善，并且不断出现新技术。

20 世纪 60 年代中期，IBM 开发的 IMS（Information Management System）用于记录土星 V 和阿波罗空间探索项目中的供应链与仓储信息，成为第一代数据库管理系统。

20 世纪 70 年代，IBM 和加州大学借鉴 IMS 的思想分别构建了 System R 和 INGRES，成为第一代关系型数据库管理系统。

1991 年，数据仓库之父比尔·恩门出版了《建立数据仓库》，提出数据仓库是一个面向主题的、集成的、相对稳定的、反映历史变化的数据集合，用于支持管理决策。

20 世纪 90 年代，实施数据仓库的公司大都以失败告终。1996 年，拉尔夫·基尔姆布尔发表《数据仓库工具箱》，提出数据集市。数据集市仅仅是数据仓库的某一部分，实施难度大大降低，并且能够满足公司内部部分业务部门的迫切需求，在初期获得了较大成功。

1995 年，MySQL 起源于瑞典；1996 年，发布 MySQL 1.0。

21 世纪初期，诞生了 NoSQL。NoSQL 的关键是放弃了传统的数据库管理系统强事务保证和关系模型，通过最终一致性和非关系数据模型（如键值对、图形和文档等）提高 Web 应用所注重的高可用性与可扩展性。

2003—2006 年，社交网络的流行导致大量非结构化数据的出现，传统的处理方法难以应对，数据处理系统、数据库架构需要重新布局，大数据发展处于突破期。

2006—2009 年，并行计算和分布式技术在大数据系统中广泛应用，大数据发展进入成熟期。

2008 年，大数据的概念得到了美国政府的重视，计算社区联盟发表了第一部关于大数据的白皮书——《大数据计算：在商务、科学和社会领域创建革命性突破》，其中提出了当年大数据的核心作用：大数据真正重要的是寻找新用途和发表新见解，而非数据本身。

2009 年，美国政府启动 Data.gov 网站，将政府的各种数据对公众开放，进一步打开了数据开放的大门。2009 年，欧洲政府将图书馆和科技研究所的数据对公众开放，将获取科学数据的渠道拓宽，使数据可以实现分享再利用，并且越来越多的国家开始效仿。

2010 年，众多 Web 站点在追求高性能、高可靠性时都优先考虑使用 NoSQL。

2011 年，James Dixon 提出了 Data Lake 的概念。Data Lake 的一部分价值是把不同种类的数据汇聚到一起，另一部分价值是不需要预定义的模型就能进行数据分析。

2011 年，麦肯锡全球研究院发布《大数据：下一个创新、竞争和生产力的前沿》。2012 年，维克托·舍恩伯格发表《大数据时代：生活、工作与思维的大变革》进行宣传推广，大数据的概念开始风靡全球。

2012 年在瑞士召开了达沃斯世界经济论坛，大数据是其中的重要主题之一，会上发布了报告《大数据，大影响》。在该报告中提到，数据已经逐渐成为一种资产，是一种新的经济资产类别，如同现在流通的货币甚至黄金。

2012 年，开始出现 NewSQL。

2013 年 5 月，麦肯锡全球研究所发布了一份名为《颠覆性技术：技术改进生活、商业和全球经济》的研究报告，该报告确认了 12 种新兴技术，而大数据是其基石。

2014 年 5 月，美国白宫发布了 2014 年全球大数据白皮书的研究报告《大数据：抓住机遇，守护价值》，该报告鼓励使用数据推动社会进步。

2014 年，中国《政府工作报告》中指出，设立新兴产业创业创新平台，在新一代移动通信、集成电路、大数据、先进制造、新能源、新材料等方面赶超先进，引领未来产业发展。大数据首次出现在国内的《政府工作报告》中，大数据概念逐渐在国内成为热议的词汇。

2015 年，国务院正式印发《促进大数据发展行动纲要》。《促进大数据发展行动纲要》明确，大力推动大数据发展和应用，在未来 5～10 年打造精准治理、多方协作的社会治理新模式，建立运行平稳、安全高效的经济运行新机制，构建以人为本、惠及全民的民生服务新体系，开启大众创业、万众创新的创新驱动新格局，培育高端智能、新兴繁荣的产业发展新生态。

2016 年，工业和信息化部公布《大数据产业发展规划（2016—2020 年）》，通过定量和定性相结合的方式提出了 2020 年大数据产业发展目标。在总体目标方面，提出到 2020 年，技术先进、应用繁荣、保障有力的大数据产业体系基本形成，大数据相关产品和服务业务收入突破 1 万亿元，年均复合增长率保持 30% 左右。在此基础之上，明确了 2020 年的细化发展目标，即技术产品先进可控、应用能力显著增强、生态体系繁荣发展、支撑能力不断增强、数据安全保障有力。

2017 年，阿里巴巴在云栖大会上正式对外提出数据中台概念。数据中台的出现，就是为了弥补数据开发和应用开发之间，由于开发速度不匹配出现的响应力跟不上的缺陷。数据中台是在政企数字化转型过程中，对各业务单元的业务与数据进行沉淀，构建包括数据技术、数据治理和数据运营等在内的数据建设、管理及使用体系，实现数据赋能。数据中台是新型信息化应用框架体系中的核心。

2021 年，《"十四五"大数据产业发展规划》指出，到 2025 年，大数据产业测算规模突破 3 万亿元，年均复合增长率保持在 25%左右，创新力强、附加值高、自主可控的现代化大数据产业体系基本形成。

4．常见的数据库管理系统

1）全球数据库管理系统排名

2023 年 2 月，DB-Engines 全球排名前 10 位的数据库管理系统如图 1-5 所示，其中没有中国自主的数据库管理系统。中国自主的数据库管理系统中的 TiDB 排名第 108 位，OceanBase 排名第 145 位，openGauss 排名第 188 位。

Rank Feb 2023	Rank Jan 2023	Rank Feb 2022	DBMS	Database Model	Score Feb 2023	Score Jan 2023	Score Feb 2022
1.	1.	1.	Oracle	Relational, Multi-model	1247.52	+2.35	-9.31
2.	2.	2.	MySQL	Relational, Multi-model	1195.45	-16.51	-19.23
3.	3.	3.	Microsoft SQL Server	Relational, Multi-model	929.09	+9.70	-19.96
4.	4.	4.	PostgreSQL	Relational, Multi-model	616.50	+1.65	+7.12
5.	5.	5.	MongoDB	Document, Multi-model	452.77	-2.42	-35.88
6.	6.	6.	Redis	Key-value, Multi-model	173.83	-3.72	-1.96
7.	7.	7.	IBM Db2	Relational, Multi-model	142.97	-0.60	-19.91
8.	8.	8.	Elasticsearch	Search engine, Multi-model	138.60	-2.56	-23.70
9.	↑10.	↑10.	SQLite	Relational	132.67	+1.17	+4.30
10.	↓9.	↓9.	Microsoft Access	Relational	131.03	-2.33	-0.23

图 1-5 DB-Engines 全球排名前 10 位的数据库管理系统

在全球数据库管理系统近 10 年排名变化中，Oracle、MySQL 和 SQL Server 一直稳居前 3 位；PostgreSQL 和 MongoDB 平稳且快速发展；Snowflake 作为新兴的数据库管理系统，发展异常迅猛，短短几年就排名第 12 位。

2）国产数据库管理系统排名

2023 年 2 月，墨天轮排名前 10 位的国产数据库管理系统如图 1-6 所示。

排行	上月	半年前	名称	模型	属性	三方评测	生态	专利	论文	得分
🏆	1	↑↑↑ 4	OceanBase +	关系型				151	18	645.03
🏆	2	↓ 1	TiDB +	关系型				26	25	631.73
🏆	3	↓ 2	openGauss +	关系型				562	65	557.11
4	4	↓ 3	达梦 +	关系型				381	0	530.65
5	↑↑ 7	↑↑ 7	人大金仓 +	关系型				232	0	410.05
6	↓ 5	6	PolarDB +	关系型				512	26	374.34
7	↓ 6	↓↓ 5	GaussDB +	关系型				562	65	356.47
8	8	↑ 9	TDSQL +	关系型				39	10	281.99
9	↑ 10	↑ 10	AnalyticDB +	关系型				480	28	208.71
10	↓ 9	↓↓ 8	GBase +	关系型				152	0	206.65

图 1-6 墨天轮排名前 10 位的国产数据库管理系统

3）常用的 SQL、NoSQL 和 NewSQL

常用的 SQL、NoSQL 和 NewSQL 如表 1-1 所示。

表 1-1　常用的 SQL、NoSQL 和 NewSQL

大类	类别	常见的数据库	说明
SQL	关系型数据库	Oracle、MySQL、MariaDB、DB2、SQL Server 和 PostgreSQL	遵循"表—记录"模型，按行存储在文件中
NoSQL	时序数据库	InfluxDB、RRDtool 和 Graphite	存储时间序列数据，每条记录都带有时间戳
	键/值数据库	Redis、Memcached 和 Riak KV	最简单的数据库管理系统，按"键—值"存储
	文档数据库	MongoDB、Couchbase 和 DynamoDB	文档是处理信息的基本单位，一个文档相当于关系型数据库中的一条记录
	图数据库	Neo4j、OrientDB 和 Titan	以点和边为基础存储单元，以高效存储、查询图数据为设计原理的数据管理系统
	搜索引擎	Elasticsearch、Solr 和 Splunk	存储的目的是搜索，主要功能也是搜索
	对象数据库	Caché、db4o 和 Versant Object Database	受面向对象编程语言的启发，把数据定义为对象并存储在数据库中，包括对象之间的关系
	宽列存储数据库	Cassandra、HBase 和 Accumulo	宽列存储数据库也称为宽列数据库。在记录中存储数据，能够容纳非常多的动态列。由于列名和记录键都不是固定的，并且一条记录可以有数十亿列，因此宽列存储可以被看作二维键值存储
NewSQL	新型架构	ClustrixDB、CockroachDB 和 Spanner	全新架构，从头设计的数据库管理系统，与扩展现有系统不同
	透明的数据分片中间件	Scalable Cluster、MaxScale 和 ScaleBase	非常简单地替换已经使用了单节点数据库管理系统的应用的数据库，并且开发者无须对应用做任何修改
	DBaaS	Aurora 和 ClearDB	database-as-a-service，是云服务提供商的 NewSQL 方案

【任务实施】

任务 1-3　分析知名的数据库管理系统。

查询最新的 DB-Engines 排名，找出全球排名前 10 位的数据库管理系统，分析它们与图 1-5 中显示的排名有何变化。

任务 1-4　分析知名的国产数据库管理系统。

查询最新的墨天轮排名，找出排名前 10 位的国产数据库管理系统，分析它们与图 1-6 中显示的排名有何变化。

巩固与小结

（1）初步了解数据库和数据表的内涵，以及数据库的应用场景。

（2）理解数据库的基本术语，如数据、信息、数据处理、数据库、表、字段、记录、数据库管理系统、SQL、NoSQL、NewSQL、数据仓库和大数据。

（3）了解数据处理技术的发展过程，具体包括 3 个阶段，分别为人工管理阶段、文件系统管理阶段和数据库系统管理阶段。

（4）了解查询 DB-Engines 排名和墨天轮排名的方法。

（5）了解常用的 SQL、NoSQL 和 NewSQL。

任务训练

【训练目的】

（1）会查阅资料和自主学习。

（2）可以根据项目需要选择合适的数据库管理系统。

【任务清单】

（1）查阅资料，简述 10 个国产数据库管理系统。

（2）为粤文创项目选择合适的数据库管理系统。

（3）查阅资料，简述中国大数据产业政策的演变过程。

习题

一、选择题

1. 可以不需要数据库支持的 App 是（　　）。

　　A．微信　　　　　　B．QQ　　　　　　　C．京东　　　　　　D．相册

2. 数据表的每行数据称为一条（　　）。

　　A．字段　　　　　　B．记录　　　　　　C．字段名称　　　　D．数据

3. 结构化查询语言的简称为（　　）。

　　A．NoSQL　　　　　B．NewSQL　　　　　C．DBMS　　　　　　D．SQL

4. IBM 提出的大数据的 5V 特点不包括（　　）。

　　A．Volume　　　　　B．Velocity　　　　　C．Variety　　　　　D．Victory

5. （　　）不是数据仓库的特点。

　　A．面向主题的　　B．集成的　　　　　C．反映实时数据的 D．相对稳定的

二、填空题

1. DBMS 的英文全称是＿＿＿＿＿＿＿＿＿＿＿＿＿＿＿＿＿。

2. 数据处理是将＿＿＿＿＿＿转换为＿＿＿＿＿＿。

3. 数据库是存储数据的仓库，是一个长期存储在计算机内、＿＿＿＿＿＿＿、＿＿＿＿＿＿＿、
＿＿＿＿＿＿＿的大量数据的集合。

三、简答题

1. 简述数据库的概念和特点。

2. 简述数据库的发展过程。

项目 2
安装与使用 MySQL

【知识目标】

（1）了解 MySQL 的产生、发展和特点。

（2）了解 Navicat 的特点和功能。

（3）了解 MySQL 的常用命令、目录结构和字符集。

【技能目标】

（1）会安装和配置 MySQL、Navicat。

（2）会启动、关闭、登录、退出和操作 MySQL，会设置字符集。

（3）会使用 Navicat，如启动、关闭和连接数据库等。

【素养目标】

（1）理解事物之间的依存关系及相互影响，养成综合考虑问题的习惯。

（2）软件应按照已设计好的流程操作，要想自主控制操作流程，只能自主开发和不断创新，激发自主开发和不断创新之心。

（3）只要抓住机会，后来者也能居上，要善于发现和利用机会。

【工作情境】

小王对数据库有一定的认识后，准备动手操作数据库。工欲善其事，必先利其器。小王现在必须选择适合自己项目的数据库管理系统和相关工具，将其安装并配置到计算机上，同时快速学会基本的操作方法。

【思维导图】

任务 1 安装与配置 MySQL

【任务分析】

小王在了解主流数据库管理系统的特点后，根据粤文创项目的特点选择了 MySQL，所以他必须把 MySQL 安装并部署到计算机中。

小王对粤文创项目进行分析后得到的任务清单如下。

任务编号	任务内容
任务 2-1	安装与配置 MySQL
任务 2-2	查找数据库的存储位置

【知识储备】

1. 认识 MySQL

MySQL 是开源、多平台、关系型数据库管理系统，是目前非常流行的关系型数据库管理系统之一。在 Web 应用方面，MySQL 的应用也非常广泛。MySQL 图标如图 2-1 所示。

1996 年，MySQL AB 公司开发并推出了 MySQL；2008 年，Sun 公司花费 10 亿美元收购了 MySQL AB 公司；2009 年，Oracle 公司又花费 60 亿美元收购了 Sun 公司。目前，MySQL 属于 Oracle 公司旗下的产品。自从被 Oracle 公司收购后，MySQL 的发展明显趋缓。

图 2-1 MySQL 图标

之后，MySQL AB 公司的原班人马陆续离开 Oracle 公司，另起炉灶，推出了开源的 MariaDB。MariaDB 不仅具有 MySQL 小巧精悍、简洁高效、稳定可靠的特征，还可以与 MySQL 兼容。

MySQL 占据中小型数据库应用市场的半壁江山。MySQL AB 公司的市场推广在某种程度上是基于 LAMP 包进行的。LAMP 也被称为 LNMP，是指一组通常一起使用来运行动态网站或服务器的自由软件名称的首字母缩写，将 Linux 作为操作系统，Apache 或 Nginx 作为 Web 服务器，MySQL 作为数据库，PHP、Perl 或 Python 作为服务器端脚本解释器，能够快速建立一个稳定、免费的网站系统。

LAMP 有多个变体，如以 Windows 代替 Linux 的 WAMP。之后又出现了 XAMPP。XAMPP（Apache+MySQL+PHP+Perl）是一个功能非常强大的建站集成软件包。该软件包原来的名称是 LAMPP，为了避免误解，将最新几个版本的名称改为 XAMPP。

因此，要使用 MySQL，可以安装 MySQL，也可以安装 LAMP、WAMP 和 XAMPP 的其中之一。

2. 下载与安装 MySQL

1）下载 MySQL

MySQL 官网的下载页面中主要有 3 个可选版本，分别为 MySQL Enterprise Edition、MySQL Cluster CGE 和 MySQL Community（GPL）。其中，MySQL Community（GPL）包括免费版。

（1）下载安装文件。

进入 MySQL 官网，切换至"DOWNLOADS"选项卡，单击"MySQL Community (GPL) Downloads »"链接，进入社区版下载页面，选择"Windows (x86, 32-bit), MSI Installer"选项，单击右侧的"Download"按钮，如图 2-2 所示。

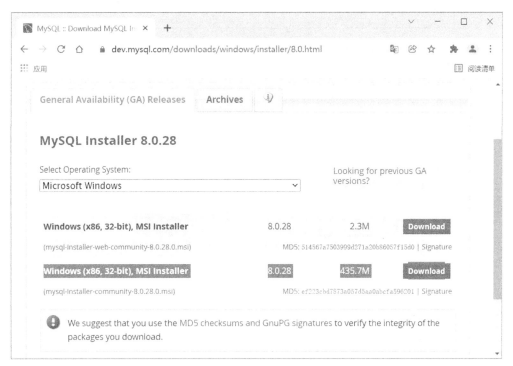

图 2-2　下载 MySQL 安装文件

打开下载页面，将垂直滚动条滑到页面下方，单击"No thanks, just start my download."

按钮，如图2-3所示，开始下载安装文件。

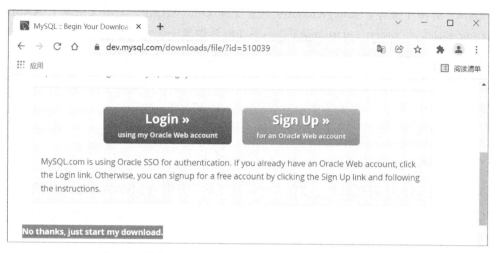

图2-3 单击"No thanks, just start my download."按钮

（2）下载社区版的免安装版。

在社区版下载页面中，选择"Windows (x86, 64-bit), ZIP Archive"选项，单击右侧的"Download"按钮，如图2-4所示，下载社区版的免安装版。

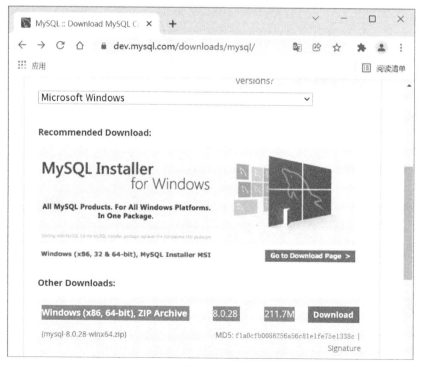

图2-4 下载社区版的免安装版

（3）下载历史版本。

切换至"Archives"选项卡，显示"MySQL Product Archives"页面，在"Product Version"下拉列表中选择所需的版本，在"Operating System"下拉列表中选择对应的操作系统，有时还可以在"OS Version"下拉列表中选择操作系统的位数，在文件列表中选择所需的压缩包并下载（下载的一般是免安装的压缩包），如图 2-5 所示。

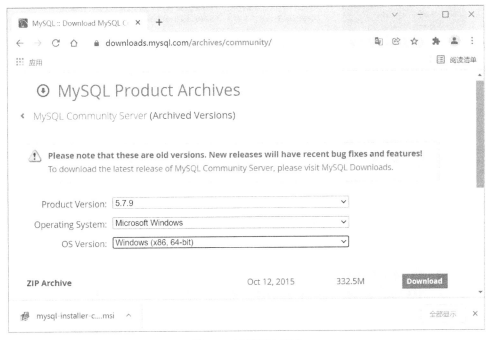

图 2-5　下载历史版本

在图 2-2 中，切换至"Archives"选项卡，显示"MySQL Product Archives"页面，可以选择所需的版本和适用的操作系统，并下载相关的安装包。

2）安装 MySQL

不同的计算机设置方法稍有差别。在 Windows 10 专业版环境下安装 MySQL 5.7.9.1 的操作步骤如下。

（1）双击 mysql-installer-community-5.7.9.1.msi 开始安装，接受许可条款，单击"Next"按钮。

（2）选择"Full"选项，单击"Next"按钮。

（3）检查配置要求（可能失败），如图 2-6 所示。单击"Execute"按钮，系统会自动安装相关组件。按照要求完成安装后返回检查失败列表，此时第一项已解决，如图 2-7 所示。选中第二项，单击"Check"按钮完成相关操作，之后处理第三项。后两项检查有可能再次失败，但仍然可以继续安装。

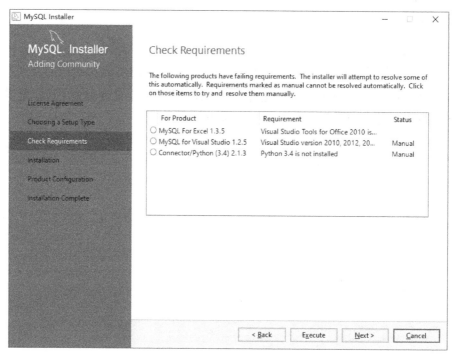

图 2-6　检查配置要求

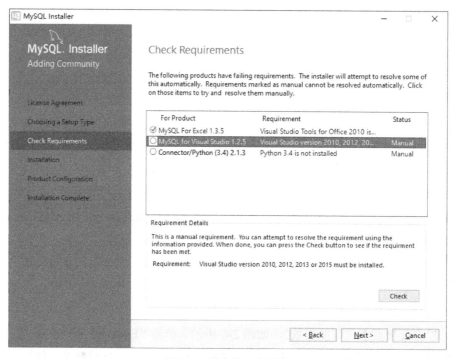

图 2-7　再次检查失败项

（4）单击"Next"按钮，显示警告信息，如图 2-8 所示，单击"Yes"按钮，显示组件安装列表，如图 2-9 所示。组件安装完成界面如图 2-10 所示。

图 2-8 警告信息

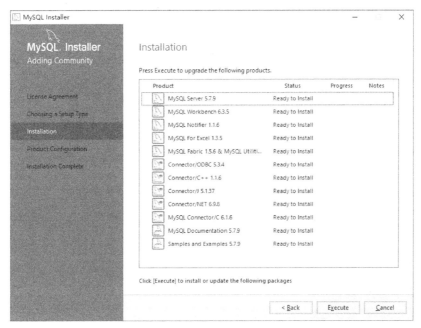

图 2-9 组件安装列表

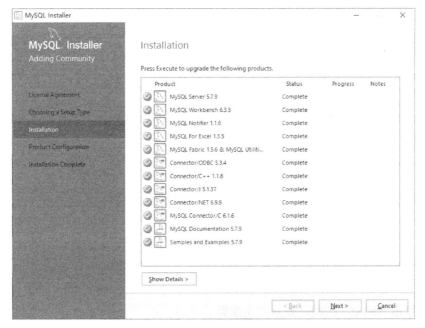

图 2-10 组件安装完成界面

（5）单击"Next"按钮，开始配置系统（这个过程需要花费的时间比较长）。

（6）单击"Next"按钮，选择类型，设置通信协议，选择默认值。

（7）单击"Next"按钮，设置 root 的密码，如图 2-11 所示。还可以添加账号，如图 2-12 所示。

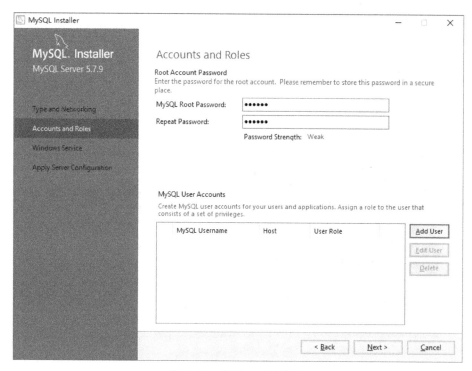

图 2-11　设置 root 的密码

图 2-12　添加账号

（8）单击"Next"按钮，设置 Windows 服务，选择默认值。

（9）单击"Next"按钮，配置应用服务。

（10）单击"Next"按钮，显示产品配置。

（11）单击"Next"按钮，连接服务器，如图 2-13 所示，输入用户名和密码，单击"Check"按钮，只有成功后才能继续。

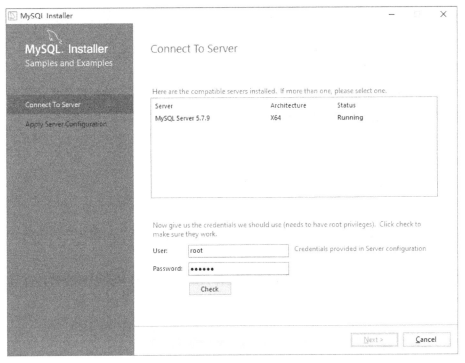

图 2-13　连接服务器

（12）单击"Next"按钮，进入实例的应用服务配置界面。

（13）单击"Next"按钮，单击"Finish"按钮完成安装。安装完成后，"开始"菜单中就会有多个 MySQL 操作选项。

3．MySQL 的目录结构

MySQL 安装完成后，打开其所在的文件夹，一般有以下文件和文件夹。

1）bin 文件夹

bin 文件夹用于放置一些可执行文件，如 mysql.exe、mysqld.exe 和 mysqlshow.exe 等。bin 是一个关键的文件夹。

2）Data 文件夹

Data 文件夹用于放置一些日志文件及数据库，包括系统创建的数据库和用户创建的数据库。要记住 Data 文件夹的位置，否则用户就不知道自己创建的数据库在哪里。

3）其他文件夹

include 文件夹用于放置一些头文件，如 mysql.h 和 mysql_ername.h 等；lib 文件夹用于放置库文件；docs 文件夹用于保存一些文档；share 文件夹用于保存字符集、语言等信息。

4）my.ini 文件

my.ini 是 MySQL 默认使用的配置文件。在一般情况下，只需要修改 my.ini 文件中的内容就可以对 MySQL 进行配置。

5）其他配置文件

除了上述目录，MySQL 安装目录下可能还有几个后缀为.ini 的配置文件，不同的配置文件代表不同的含义。

- my-huge.ini：适合超大型数据库的配置文件。
- my-large.ini：适合大型数据库的配置文件。
- my-medium.ini：适合中型数据库的配置文件。
- my-small.ini：适合小型数据库的配置文件。
- my-template.ini：配置文件的模板，MySQL 配置向导将该配置文件包含的选择项写入 my.ini 文件中。
- my-innodb-heavy-4G.ini：表示该配置文件只对 InnoDB 存储引擎有效，并且服务器的内存不能小于 4GB。

【任务实施】

任务 2-1　安装与配置 MySQL。

在 MySQL 官网中下载免费版 MySQL，并安装在自己的计算机上。

任务 2-2　查找数据库的存储位置。

在自己的计算机上查找 Data 文件夹，并查看目前有哪些数据库。

任务 2　使用 MySQL

【任务分析】

在安装好 MySQL 之后，小王准备动手探索如何使用 MySQL。

小王对粤文创项目进行分析后得到的任务清单如下。

任务编号	任务内容
任务 2-3	启动 MySQL 服务器，登录 MySQL 客户端
任务 2-4	退出 MySQL 客户端，关闭 MySQL 服务器
拓展任务 2-1	部署免安装版 MySQL

【知识储备】

1. 启动与关闭 MySQL 服务器

1）启动 MySQL 服务器

启动 MySQL 服务器的命令如下：

```
net start mysql
```

运行结果如图 2-14 所示。

2）关闭 MySQL 服务器

关闭 MySQL 服务器的命令如下：

```
net stop mysql
```

运行结果如图 2-15 所示。

图 2-14 启动 MySQL 服务器的运行结果

图 2-15 关闭 MySQL 服务器的运行结果

2. 登录与退出 MySQL 客户端

1）登录 MySQL 客户端

（1）使用命令方式。

登录 MySQL 客户端的命令如下：

```
mysql -uroot -p密码
```

在输入命令时，如果没有输入密码，那么执行命令时会提示输入密码，运行结果如图 2-16 所示。

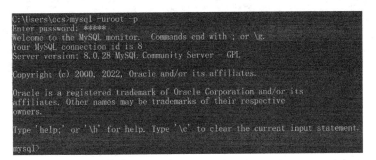

图 2-16 登录 MySQL 客户端的运行结果

（2）使用操作方式。

在"开始"菜单中选择"MySQL 5.7 Command Line Client"命令，输入密码后按 Enter

键，可以登录 MySQL 客户端；选择"MySQL 5.7 Command Line Client -Unicode"命令，输入密码后按 Enter 键，也可以登录 MySQL 客户端。在 Unicode 下的运行速度比原来在 DOS 环境下的运行速度快得多，字体等也更符合编程要求。

2）退出 MySQL 客户端

退出 MySQL 客户端的命令如下：

```
EXIT;
```

或者：

```
QUIT;
```

3. MySQL 的相关命令

登录 MySQL 客户端，输入如下命令：

```
\?;
```

常用命令如图 2-17 所示，各命令的含义如表 2-1 所示。

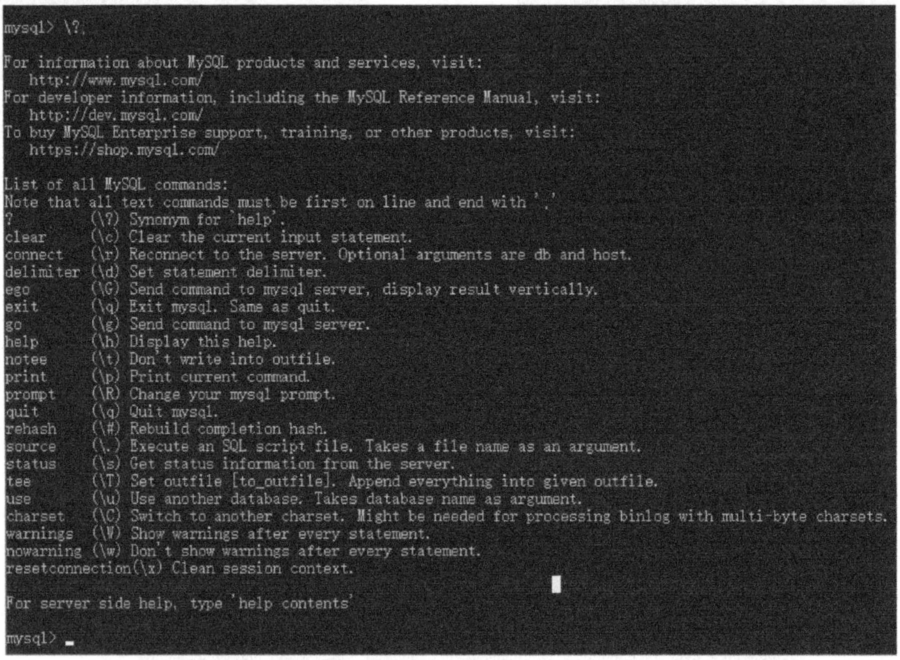

图 2-17　常用命令

表 2-1　常用命令的含义

命令	简写	具体含义
?	(\?)	显示帮助信息
CLEAR	(\c)	明确当前输入语句
CONNECT	(\r)	连接服务器
DELIMITER	(\d)	设置语句分隔符

续表

命令	简写	具体含义
EGO	(\G)	将命令发送到 MySQL 服务器上，并显示结果
EXIT	(\q)	退出 MySQL 客户端
GO	(\g)	将命令发送到 MySQL 服务器上
HELP	(\h)	显示帮助信息
NOTEE	(\t)	启用或禁用记录操作
PRINT	(\p)	打印当前命令
PROMPT	(\R)	改变 MySQL 提示信息
QUIT	(\q)	退出 MySQL 客户端
REHASH	(\#)	重建完成散列
SOURCE	(\.)	执行一个 SQL 脚本文件，以一个文件名作为参数
STATUS	(\s)	从服务器上获取 MySQL 的状态信息
TEE	(\T)	设置输出文件，并将信息添加到所有给定的输出文件中
USE	(\u)	使用另一个数据库，将数据库名称作为参数
CHARSET	(\C)	切换为另一个字符集
WARNINGS	(\W)	每条语句之后显示警告信息
NOWARNING	(\w)	每条语句之后不显示警告信息

4. 显示帮助文档

在"开始"菜单中选择"Documentation"命令，显示帮助文档，如图 2-18 所示，可以查询相关技术参数。

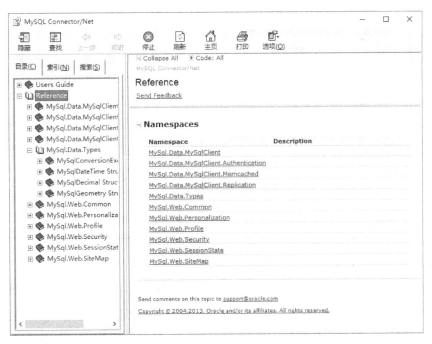

图 2-18 帮助文档

5. 部署免安装版 MySQL

在 Windows 10 专业版环境下配置 MySQL 8.0.28，操作步骤如下。

（1）将下载的 mysql-8.0.28-winx64.Zip 解压缩到当前文件夹下，得到 mysql-8.0.28-winx64 文件夹，并将其复制到要安装的位置，如 C:\Program Files。

（2）先在 mysql-8.0.28-winx64 文件夹下新建 data 文件夹，再在 data 文件夹下新建一个文本文件。

（3）打开新建的文本文件，输入如图 2-19 所示的内容（其中路径需要根据自己的具体情况进行设置），并保存为 my.ini。需要注意的是，在保存文本文件时，一定要在"编码"下拉列表中选择"ANSI"选项。

```
[mysqld]
# 设置 3306 端口
port=3306
# 设置 MySQL 的安装目录
basedir=C:\Program Files\mysql-8.0.28-winx64
# 设置 MySQL 数据库的数据的存放目录
datadir=C:\Program Files\mysql-8.0.28-winx64\Data
# 允许最大连接数
max_connections=200
# 允许连接失败的次数
max_connect_errors=10
# 服务器端使用的字符集默认为 utf8mb4
character-set-server=utf8mb4
# 创建新表时将使用默认的存储引擎
default-storage-engine=INNODB
# 默认使用 "mysql_native_password" 插件进行认证
#mysql_native_password
default_authentication_plugin=mysql_native_password
[mysql]
# 设置 MySQL 客户端使用默认的字符集
default-character-set=utf8mb4
[client]
# 设置 MySQL 客户端连接服务器端时默认使用的端口
port=3306
default-character-set=utf8mb4
```

图 2-19　my.ini 文件中的内容

（4）打开"环境变量"对话框，在列表框中选择"Path"选项，单击"编辑"按钮，打开"编辑环境变量"对话框，单击"新建"按钮，增加一行，输入"C:\Program Files\mysql-8.0.28-winx64\bin"（路径应根据实际情况进行修改），如图 2-20 所示。单击"确定"按钮，完成设置。

图 2-20　设置环境变量

（5）注册服务。以"管理员身份运行"方式进入 cmd 命令行窗口，输入"mysqld --install"，按 Enter 键，这里可能会出错，一旦出错就需要重新安装。如果安装了 360 安全卫士，就会显示对话框，单击"一键修复"按钮，通过 360 软件管家完成下载和安装，只要按照提示操作就可以。修复完成后，关闭各对话框。再次执行"mysqld --install"命令即可注册成功。

（6）生成随机密码。输入"mysqld --initialize --console"，执行完成后，最后显示的字符"#ZtiHAltP3jp"为随机密码，如图 2-21 所示，该密码用于首次登录 MySQL 服务器。如果生成失败，那么可以清除 Data 文件夹下所有的文件重新执行"mysqld --initialize --console"命令。

```
C:\Users\ccs>mysqld --initialize --console
2022-01-30T20:49:36.824005Z 0 [System] [MY-013169] [Server] C:\Program
Files\mysql-8.0.28-winx64\bin\mysqld.exe (mysqld 8.0.28) initializing o
f server in progress as process 80008
2022-01-30T20:49:36.861901Z 1 [System] [MY-013576] [InnoDB] InnoDB init
ialization has started.
2022-01-30T20:49:37.552835Z 1 [System] [MY-013577] [InnoDB] InnoDB init
ialization has ended.
2022-01-30T20:49:40.096314Z 6 [Note] [MY-010454] [Server] A temporary p
assword is generated for root@localhost: #ZtiHAltP3jp
C:\Users\ccs>
```

图 2-21　生成随机密码

（7）输入"net start mysql"，启动 MySQL 服务器。

（8）输入"mysql -uroot -p#ZtiHAltP3jp"，进入 MySQL 客户端，但此时还不能操作，系统提示先修改密码，如输入"CREATE DATABASE cc;"，系统提示重置密码，如图 2-22 所示。

```
C:\User\ccs>mysql -uroot -p#ZtiHAltP3jp;
mysql:[Warning Using a password on the command line interface can be insecure.
Welcome to the MySQL monitor. Commands end with; or \g.
Your MySQL connection id is 11
Server version:8.0.28

Copyright (c) 2000, 2022, Oracle and/or its affiliates.

Oracle is a registered trademark of Oracle Corporation and/or its
affiliates. Other names may be trademarks of their respective owners.

Type 'help' or '\h' for help. Type '\c' to clear the current input statement.

mysql>CREATE DATABASE cc;
ERROR 1820 (HY000):You mest reset your password using ALTER USER statement
before executing this statement.
```

图 2-22　提示重置密码

（9）输入"ALTER USER 'root'@'localhost' IDENTIFIED BY 'admin';"重置密码，新密码是"admin"，如图 2-23 所示，保存好密码，因为之后每次登录 MySQL 客户端都需要使用此密码（具体的密码用户可自行选择）。密码修改成功后，输入"EXIT;"，退出 MySQL 客户端。使用新密码"mysql -uroot -padmin"登录 MySQL 客户端，登录成功后可以正常操作。

```
mysql> ALTER USER 'root'@'localhost' IDENTIFIED BY 'admin';
Query OK, 0 rows affected (0.01 sec)
```

图 2-23　重置密码

【任务实施】

任务 2-3　启动 MySQL 服务器，登录 MySQL 客户端。

启动 MySQL 服务器，登录 MySQL 客户端，查看 MySQL 常用命令，并练习使用"?"、"EXIT"、"HELP"和"QUIT"等命令。

代码如下：

```
net start mysql
mysql -uroot -padmin
\?;
EXIT;
mysql -uroot -padmin
HELP;
QUIT;
```

任务 2-4　退出 MySQL 客户端，关闭 MySQL 服务器。

代码如下：

```
QUIT;
net stop mysql
```

拓展任务 2-1　部署免安装版 MySQL。

如果自己的计算机中还没有安装 MySQL，那么部署免安装版 MySQL。

任务 3　安装与使用 Navicat

【任务分析】

在安装好 MySQL 之后，就可以操作数据库了，但小王觉得命令行界面不够友好和美观。因此，小王想安装数据库的可视化管理工具 Navicat。

小王对粤文创项目进行分析后得到的任务清单如下。

任务编号	任务内容
任务 2-5	安装与配置 Navicat
任务 2-6	使用 Navicat

【知识储备】

1. 认识 Navicat

MySQL 一般采用命令行界面来操作，比较麻烦，有时需要借助可视化操作平台进行直观操作，以降低操作难度。Navicat 是非常优秀且使用非常广泛的可视化 MySQL 平台。

Navicat 用户界面设计友好，可以非常方便地管理 MySQL、Oracle、PostgreSQL、SQLite、SQL Server、MariaDB 和 MongoDB 等不同类型的数据库，并且支持管理某些云数据库。Navicat 既可以满足专业开发人员的所有需求，又方便初学者学习，是一款非常优秀的可视化管理工具。但是，建议数据库的初学者直接使用 MySQL 客户端，多使用命令编写代码，苦练基本功，这样更有利于初学者快速成才。

2. 安装 Navicat

Navicat 有 14 天免费使用期限。安装 Navicat 的步骤如下。

（1）打开 Navicat 官网，切换至"产品"选项卡，单击"Navicat 16 for MySQL"图标，在打开的页面中先单击"Windows"图标，再单击右上方的"试用"按钮，找到"Windows Navicat 16 for MySQL"选项，如图 2-24 所示，单击"直接下载（64bit）"按钮，下载完成后可能显示风险提示信息，选择"保留"选项。

（2）双击安装包"navicat160_mysql_cs_x64"，开始安装 Navicat。

（3）单击"下一步"按钮，选中"我同意"单选按钮。

（4）单击"下一步"按钮，设置安装路径。

（5）单击"下一步"按钮，选中"创建桌面快捷方式"单选按钮。

（6）单击"安装"按钮，开始安装。

（7）安装完成。

图 2-24　下载 Navicat

3．使用 Navicat

（1）在"开始"菜单中选择"Navicat 16 for MySQL"命令，或者在桌面上找到快捷方式图标并双击，显示特性介绍和购买提示，依次单击"确定"按钮，打开 Navicat。

（2）单击"文件"→"新建连接"→"MySQL"按钮，打开"新建连接"对话框。

（3）切换至"常规"选项卡，输入连接名（如"mysql8"）和登录密码，如图 2-25 所示，单击"测试连接"按钮，显示连接成功。

（4）切换至"数据库"选项卡，勾选"使用自定义数据库列表"复选框，并且从"数据库"列表中选择所需的数据库，如图 2-26 所示。

图 2-25　输入连接名和登录密码

图 2-26　选择所需的数据库

（5）单击"确定"按钮，返回工作区，双击"mysql"可显示数据库列表，双击数据库名称可展开数据库对象，如图 2-27 所示。

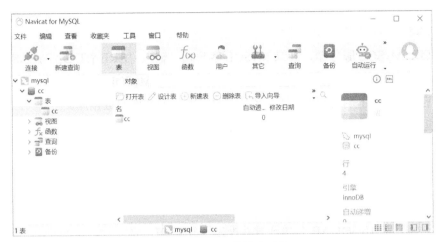

图 2-27　展开数据库对象

【任务实施】

任务 2-5　安装与配置 Navicat。

（1）下载 Navicat。

（2）安装 Navicat。

（3）启动 Navicat。

任务 2-6　使用 Navicat。

（1）启动 Navicat。

（2）创建连接 mydata。

（3）连接成功后，展开其下的数据库列表。

巩固与小结

（1）MySQL 的发展和特点，以及 Navicat 的特点。

（2）MySQL 服务器的安装、启动和关闭，以及 MySQL 客户端的登录、退出和使用。

（3）Navicat 的安装、退出和操作。

任务训练

【训练目的】

（1）巩固启动和关闭 MySQL 服务器的操作步骤。

（2）巩固启动、退出和简单使用 Navicat 的操作步骤。

（3）巩固登录、退出和简单使用 MySQL 客户端的操作步骤。

【任务清单】

（1）启动 MySQL 服务器，登录 MySQL 客户端，输入"CREATE DATABASE 数据库名"，其中数据库名为自己姓名拼音的首字母，之后退出 MySQL 客户端。

（2）启动 Navicat，找到以自己姓名拼音的首字母为名称的数据库。

（3）退出 Navicat，关闭 MySQL 服务器。

习题

一、选择题

1. （　　）年 MySQL AB 公司开发并推出了 MySQL。

    A. 1990　　　　　B. 1996　　　　　C. 1998　　　　　D. 2000

2. MySQL 曾经是（　　）公司的产品。

    A. MySQL AB　　B. Sun　　　　　C. Oracle　　　　D. 以上都是

3. 退出 MySQL 客户端，可以使用（　　）命令。

    A. EXIT　　　　　B. QUIT　　　　　C. \q　　　　　D. 以上都可以

4. 数据库一般保存在 MySQL 的（　　）文件夹中。

    A. bin　　　　　　B. Data　　　　　C. docs　　　　　D. lib

5. （　　）是 MySQL 的主配置文件。

    A. my-huge.ini　　B. my-medium.ini　C. my.ini　　　　D. my-template.ini

二、填空题

1. MySQL 是_____、_____、关系型_____。

2. 启动 MySQL 服务器的命令是_____，关闭 MySQL 服务器的命令是_____。

3. 登录 MySQL 客户端的命令是_____。

三、简答题

简述 MySQL 的特点。

项目 3

数据库设计基础

【知识目标】

(1) 理解数据库的三级模式结构与二级存储映像。

(2) 初步了解设计数据库所需建立的数据模型。

(3) 熟悉关系模型的构成与特点。

(4) 掌握由概念模型转换为关系模型的方法。

(5) 掌握关系规范化的基本概念和基本方法。

【技能目标】

(1) 能够运用 E-R 图分析数据库。

(2) 能够将 E-R 图转换为关系模型。

(3) 能够对关系模型进行规范化处理。

【素养目标】

(1) 培养严谨的工作态度和工作作风。

(2) 培养较强的逻辑思维和抽象思维能力。

(3) 培养主动思考、自觉学习的能力。

【工作情境】

小王已经安装和配置好 MySQL，打算对粤文创项目进行数据库设计。先根据粤文创项目进行需求分析，再建立 E-R 图并转换为关系模型，最后对关系模型进行规范化处理。

【思维导图】

任务 1　初识数据库设计

【任务分析】

数据库可以直接影响数据库应用系统的功能性与可扩展性。数据库设计（Database Design）是指对于给定的应用环境，构造最优的数据库模式，使其能够有效地存储数据，以满足各种用户的应用需求。在进行数据库设计之前，需要先掌握必要的基础知识，以便开展后续工作。

小王对粤文创项目进行分析后得到的任务清单如下。

任务编号	任务内容
任务 3-1	了解知名的数据库管理系统所支持的逻辑模型

【知识储备】

1. 数据库的体系结构

数据库的体系结构为三级模式结构与二级存储映像，如图 3-1 所示。

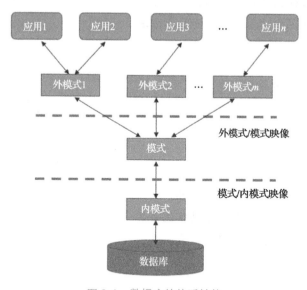

图 3-1　数据库的体系结构

1）数据库的三级模式结构

（1）内模式：内模式也称为物理结构（存储模式、物理模式），用来描述数据的物理结构和存储方式，属于三级模式结构的最低层，对应实际存储在外存储介质中的数据库。数据库管理系统提供了描述内模式的定义语言，如 CREATE DATABASE gdci。

（2）模式：模式也称为整体逻辑结构（逻辑模式、全局模式），用来描述数据库中全体数据的逻辑结构和特征，是现实世界某应用环境（如企业、学校）的所有信息内容集合的表示，属于三级模式结构的中间层；不涉及物理存储细节和具体的应用程序，通常通过建立数据模型和表来抽象、表示与处理现实世界中的数据及信息。数据库管理系统提供了描述模式的定义语言，如 CREATE TABLE area。

（3）外模式：外模式即局部逻辑结构（子模式、应用模式、用户模式、局部模式），用来描述数据库用户看到并且允许使用的局部数据的逻辑结构和特征，是数据库用户的视图。外模式属于三级模式结构的最高层，是保护数据库安全的有力措施。数据库管理系统提供了描述外模式的定义语言，如 CREATE VIEW student1。

2）数据库的二级存储映像

（1）外模式/模式映像：实现了外模式和模式之间的相互转换，当数据库的整体逻辑结构发生变化时，通过调整外模式和模式之间的映像，外模式中的局部数据及其结构不变，程序不用修改，这样可以保证数据的逻辑独立性。

（2）模式/内模式映像：实现了模式和内模式之间的相互转换，当数据库的存储结构发生变化时，通过调整模式和内模式之间的映像，整体模式不改变，外模式及应用程序也不改变，这样可以保证数据的物理独立性。

2.　数据模型

1）不同应用层次的数据模型

现实世界的数据化需要经历如图 3-2 所示的转换步骤。首先把现实世界中的事物及其联系抽象为信息世界，即建立概念模型；然后将概念模型转换为逻辑模型；最后面向计算机进行存储设计，即建立物理模型。数据库应用系统中的数据库设计就是完成 3 个世界的转换。因此，根据不同的应用层次，数据模型可以分为以下 3 种类型。

图 3-2　3 个世界的转换步骤

（1）概念模型（信息世界）：对现实世界的认识和抽象描述。按照用户的观点对数据和信息建立模型，不考虑在计算机和数据库管理系统上的具体实现，因此被称为概念数据模型，简称概念模型。

（2）逻辑模型（机器世界）：按照计算机系统的观点对数据建立模型，基于某种（如关系、层次和网状）逻辑数据模型，用于数据库管理系统的实现，简称逻辑模型。

（3）物理模型（物理存储）：面向计算机物理表示的模型，描述了数据在存储介质上的组织结构，既与具体的数据库管理系统有关，又与操作系统和硬件有关。

2）数据模型的组成要素

数据模型通常由数据结构、数据操作和数据完整性组成。

（1）数据结构：用来描述数据库的静态特征，即数据库的组成对象及对象之间的联系。数据库管理系统的数据定义语言用来实现数据库的数据结构定义功能。

例如，定义表 area 的语句如下：

```
CREATE TABLE area(
areaNumber CHAR(6) NOT NULL PRIMARY KEY,
chineseName VARCHAR(10) NOT NULL,
foreignName VARCHAR(40) NULL,
alias VARCHAR(40) NULL,
geographicalPosition VARCHAR(40) NULL,
area DECIMAL(9,2) NOT NULL,
populationSize INT NOT NULL,
areaCode CHAR(4) NOT NULL,
licensePlateCode CHAR(4) NOT NULL);
```

（2）数据操作：用来描述数据库的动态特征，即数据库中各种数据对象允许执行的操作的集合。数据库管理系统的数据操作语言用来实现数据库的数据操作功能。

例如，在表 area 中插入一行数据的语句如下：

```
INSERT INTO area(areaNumber, chineseName, foreignName, alias,
geographicalPosition, area, populationSize, areaCode, licensePlateCode)
VALUES ('5810', '广州', 'Guangzhou、Canton、Kwangchow', '穗、花城、羊城、五羊城', '广
东省中南部，珠三角北部', 7238.46, 18810600, '020', '粤A');
```

（3）数据完整性：为了保证数据模型中数据的正确性、一致性和可靠性，对数据模型提出了一系列约束和规则。数据库管理系统的数据定义语言和数据控制语言提供了多种方法来保证数据完整性。

例如，在创建表 user 的同时进行完整性约束定义的语句如下：

```
CREATE TABLE user(
userId SMALLINT NOT NULL AUTO_INCREMENT PRIMARY KEY,
userName VARCHAR (8) NOT NULL,
fkTitle VARCHAR(10) NOT NULL CHECK(fkTitle='实习研究员' OR fkTitle='助理研究员' OR
fkTitle='副研究员' OR fkTitle='研究员'),
gender VARCHAR(2) NOT NULL CHECK(gender='男' OR gender='女'),
nation VARCHAR(10) NULL DEFAULT '汉族',
birthday DATE NULL,
nativePlace VARCHAR(10) NULL,
phone VARCHAR(13) NOT NULL);
```

3）逻辑模型的分类

逻辑模型主要分为以下 4 种。

（1）层次模型：用树形结构来表示各类事物及事物之间的联系，学校的层次模型如图 3-3 所示。

（2）网状模型：用图形结构来表示各类事物及事物之间的联系，教师-班级的网状模型如图 3-4 所示。

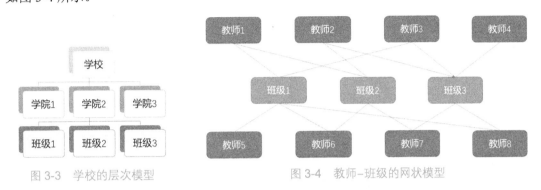

图 3-3　学校的层次模型　　　　　　　　　图 3-4　教师-班级的网状模型

（3）关系模型：用二维表结构来表示各类事物及事物之间的联系，学生表（关系模型）如图 3-5 所示。

sId	sName	sex	birthDate	secondary College
21120101	张珊	女	2003-09-09	人工智能学院
21030202	李思	男	2003-06-16	汽车学院
21050303	王武	男	2002-12-22	电子与通信学院

图 3-5　学生表（关系模型）

（4）面向对象模型：用面向对象观点来描述现实世界中事物的逻辑组织、事物之间的限制和联系等，学生-成绩表-教师的面向对象模型如图 3-6 所示。

学生
学号
姓名
查询成绩

成绩表
学号
课程号
成绩
增加成绩
删除成绩
修改成绩
查询成绩

教师
工号
姓名
录入成绩
提交成绩
统计成绩

图 3-6　学生-成绩表-教师的面向对象模型

关系模型建立在严格的关系代数基础上，是目前应用非常广泛的逻辑模型。主流的数据库管理系统几乎都支持关系模型，如 Oracle、MySQL 和 SQL Server。

 【任务实施】

任务 3-1　了解知名的数据库管理系统所支持的逻辑模型。

查询最新的 DB-Engines 排名，找出全球排名前 10 位的数据库管理系统，了解它们都支持哪些逻辑模型。

任务 2　设计数据库

 【任务分析】

在设计数据库时，需要分析应用系统所用数据的特征、数据之间的管理及定义的规则，并确定实体、实体的属性及实体与实体之间的关系，进而构建 E-R 图，在将 E-R 图转换为关系模型后进行规范化处理。

小王对粤文创项目进行分析后得到的任务清单如下。

任务编号	任务内容
任务 3-2	构建粤文创项目的 E-R 图
任务 3-3	将 E-R 图转换为关系模型
任务 3-4	将关系模型进行规范化处理
拓展任务 3-1	找到可制作 E-R 图的软件，并使用该软件构建粤文创项目的 E-R 图

【知识储备】

1. 概念设计

概念设计是整个数据库设计的关键，通过对数据库应用系统开发需求进行综合、归纳与抽象，建立实体及其属性、实体之间的联系，由此形成一个独立于具体数据库管理系统的概念模型。概念模型常用实体-联系（Entity-Relationship，E-R）图表示。E-R 图是计算机科学家陈品山于 1976 年提出的，用来描述数据库中需要存储的数据及数据之间的关系。E-R 图的组成要素是实体、属性和联系。

1）实体

一般认为，客观存在并且可相互区分的事物就是实体，包括人（如一个员工、一个学生）、物（如一本书、一台计算机）、事件（如员工填报信息、学生借阅图书）等。在 E-R 图中用矩形表示实体，在矩形中注明实体名称。例如，在公司中，部门、员工、岗位和培训项目都可称为实体，如图 3-7 所示。

图 3-7 公司中的实体

2）属性

属性用来描述实体的特征。一个实体可以有多个属性，属性不能脱离实体。在 E-R 图中用椭圆表示属性，在椭圆中注明属性名称，并用直线与对应的实体连接起来。例如，员工实体的属性有员工编号、姓名和性别（见图 3-8），部门实体的属性有部门编号和部门名称。

3）联系

联系也称为关系，反映的是实体之间的关联。在 E-R 图中用菱形表示联系，在菱形中注明联系的名称，并用直线与有关的实体连接起来，同时在直线旁标注联系的类型。例如，员工实体与部门实体之间是有关联的，一个员工属于一个部门，一个部门中有多个员工。

根据实体之间的对应关系，可以把联系分为以下 3 种类型。

• 一对一（1：1）：如果对于实体集 A 中的每个实体，实体集 B 中至多有一个实体与之对应，反之亦然，那么称实体集 A 与实体集 B 具有一对一的关系，记为 1：1。例如，图 3-9 中的部门与部门经理之间是一对一的关系，即一个部门只有一个部门经理，每个部门经理仅在一个部门任职。

图 3-8 员工实体的属性　　　　　　　　图 3-9 一对一的关系

• 一对多（1：n）：如果对于实体集 A 中的每个实体，实体集 B 中有 n 个实体（$n>1$）与之对应，反之，对于实体集 B 中的每个实体，实体集 A 中至多只有一个实体与之对应，那么称实体集 A 与实体集 B 具有一对多的关系，记为 1：n。例如，图 3-10 中的部门与员工之间是一对多的关系，即一个部门有多个员工，一个员工只属于一个部门。

图 3-10 一对多的关系

- 多对多（$m:n$）：如果对于实体集 A 中的每个实体，实体集 B 中有 n（$n>1$）个实体与之对应，反之，对于实体集 B 中的每个实体，实体集 A 中也有 m（$m>1$）个实体与之对应，那么称实体集 A 与实体集 B 具有多对多的关系，记为 $m:n$。例如，图 3-11 中的员工和培训项目之间是多对多的关系，即一个员工可以参加多个培训项目，一个培训项目可以有多个员工参加。

图 3-11　多对多的关系

2. 逻辑设计

逻辑设计的任务是将概念设计阶段完成的 E-R 图转换为具体的数据库管理系统所支持的逻辑模型，并对其进行优化。目前，常用的逻辑模型为关系模型。关系模型使用二维表来表示实体及实体之间的联系。将 E-R 图转换为关系模型之后，数据都存储在二维表中，行表示记录，列表示字段，结构简单、清晰。

1）关系模型的基本术语

（1）关系。

一个关系对应一个二维表，二维表就是关系，表名就是关系名。在同一个数据库中，表名是唯一的，不能有同名表。员工表如表 3-1 所示。

表 3-1　员工表

员工编号	姓名	性别	部门编号
1	张山	男	A
2	李思	女	B
3	王武	男	A
4	赵柳	女	C

（2）元组。

二维表中的一行称为一个元组，又叫记录。表 3-1 中有 4 个元组（4 个记录行）。

（3）属性。

二维表中的列称为属性。属性的个数称为关系的元或度。列的值称为属性值，同一个表中的属性名（列名）不能相同。表 3-1 中的属性包括员工编号、姓名、性别和部门编号。

（4）域。

属性值的取值范围称为域。在表 3-1 中，员工编号为连续加 1 的整数，姓名为字符串，性别的取值为男或女。

（5）关系模式。

在二维表中，行定义就是对关系的描述，称为关系模式。关系模式一般表示为关系名（属性 1，属性 2，…，属性 n）。在表 3-1 中，员工表的关系模式可以表示为员工（员工编号，姓名，性别，部门编号）。

（6）主键（Primary Key，PK）。

在一个关系（一个表）中不能存在完全相同的两个记录行，因此要指定表中某列或列的组合来唯一标识每个记录行，这个被指定的列或列的组合为主关键字，或者简称为主键、主码。每个关系有且只有一个主键。在表 3-1 中，员工编号为主键，每个员工编号的值不能重复，并且不能为空值；通过员工编号可以区分每个员工记录。

（7）外键（Foreign Key，FK）。

关系中的某个属性虽然不是这个关系的主键，但如果该属性参照了另一个关系的主键，那么将其称为外键或外码。在表 3-1 中，部门编号参照了部门表的主键，因此员工表中的部门编号是外键。

2）将 E-R 图转换为关系模型

将 E-R 图转换为关系模型应遵循如下规则。

- 一个实体转换为一个表：实体的属性就是表的属性。
- 一对一（1∶1）的关系转换为关系模式：在两个实体对应的表中任选一个，添加另一个实体的主键即可。
- 一对多（1∶n）的关系转换为关系模式：在 n 端实体所对应的表中加入 1 端实体的主键和联系的属性。
- 多对多（m∶n）的关系转换为关系模式：需要将该关系相连的各个实体的主键和联系本身的属性组成一个新表，该表的主键是各个实体主键的组合。

3）关系模型规范化

如果关系模式不规范，就可能产生数据冗余、数据操作异常等，并带来很多问题。因此，需要使用范式进行关系模型规范化处理，提高数据的结构化、共享性、一致性和可操作性。按照规范化级别，范式（Normal Form）分为 5 种，分别是第一范式（1NF）、第二范式（2NF）、第三范式（3NF）、第四范式（4NF）和第五范式（5NF）。范式级别越高，冗余度越低，表越多，所以可能导致查询效率低下。因此，一般规范化到第三范式，以免出现影响查询性能的问题。

（1）第一范式。

定义：设 R 是一个关系模式，R 的所有属性不可再分，则称 R 属于第一范式，记作 R∈1NF。

例如，在表 3-2 中，电话属性可以再分，不满足第一范式的要求。

表 3-2 员工基本信息表 1

员工编号	姓名	性别	电话	
			手机	办公电话
1	张山	男	15013130001	61360001
2	李思	女	15013130002	61360002
3	王武	男	15013130003	61360003
4	赵柳	女	15013130004	61360004

规范化方法：将电话属性拆分为手机属性和办公电话属性，结果如表 3-3 所示。

表 3-3 员工基本信息表（第一范式）

员工编号	姓名	性别	手机	办公电话
1	张山	男	15013130001	61360001
2	李思	女	15013130002	61360002
3	王武	男	15013130003	61360003
4	赵柳	女	15013130004	61360004

（2）第二范式。

定义：设关系模式 R 满足第一范式，并且所有非主属性完全依赖每个主键属性，则称 R 属于第二范式，记作 R∈2NF。

例如，在表 3-4 中，主键属性为员工编号+部门编号，但部门名称依赖部门编号，并不依赖员工编号，因为根据部门编号就能知道对应的部门名称，部门名称与员工编号没有关系，所以该关系模式不满足第二范式的要求。

表 3-4 员工基本信息表 2

员工编号	姓名	性别	手机	办公电话	部门编号	部门名称
1	张山	男	15013130001	61360001	A	技术部
2	李思	女	15013130002	61360002	B	人事部
3	王武	男	15013130003	61360003	A	技术部
4	赵柳	女	15013130004	61360004	C	财务部

规范化方法：对该关系进行拆分，拆分原则是概念单一、数据无损，结果如表 3-5 和表 3-6 所示。

表 3-5 员工基本信息表（第二范式）

员工编号	姓名	性别	手机	办公电话	部门编号
1	张山	男	15013130001	61360001	A
2	李思	女	15013130002	61360002	B
3	王武	男	15013130003	61360003	A
4	赵柳	女	15013130004	61360004	C

表 3-6　部门基本信息表（第二范式）

部门编号	部门名称
A	技术部
B	人事部
C	财务部

（3）第三范式。

定义：设关系模式 R 满足第二范式，并且所有非主属性都不传递依赖主键属性，则称 R 属于第三范式，记作 R∈3NF。

所谓传递依赖，即 A 依赖 B，B 依赖 C，则 A 传递依赖 C。

例如，在表 3-7 中，主键属性为员工编号，岗位津贴依赖岗位级别，岗位级别依赖员工编号，则岗位津贴传递依赖员工编号，不满足第三范式的要求。

表 3-7　员工基本信息表 3

员工编号	姓名	性别	手机	办公电话	岗位级别	岗位津贴/元
1	张山	男	15013130001	61360001	技术中级	4000
2	李思	女	15013130002	61360002	行政初级	2000
3	王武	男	15013130003	61360003	技术中级	4000
4	赵柳	女	15013130004	61360004	技术高级	6000

规范化方法：对该关系进行拆分，拆分原则是概念单一、数据无损，结果如表 3-8 和表 3-9 所示。

表 3-8　员工基本信息表（第三范式）

员工编号	姓名	性别	手机	办公电话	岗位级别编号
1	张山	男	15013130001	61360001	JSZ
2	李思	女	15013130002	61360002	XZC
3	王武	男	15013130003	61360003	JSZ
4	赵柳	女	15013130004	61360004	JSG

表 3-9　岗位级别表（第三范式）

岗位级别编号	岗位级别名称	岗位津贴/元
XZC	行政初级	2000
JSZ	技术中级	4000
JSG	技术高级	6000

【任务实施】

粤文创项目的主要业务逻辑如下。

- 地区管理：各个地区基本信息、民俗、名人和荣誉等信息的增加、删除、修改与查询。

- 工作人员管理：各个工作人员基本信息的增加、删除、修改与查询。
- 工作计划管理：各项工作计划信息的增加、删除、修改与查询。
- 工作计划参与人员管理：各项工作计划参与人员信息的增加、删除、修改与查询。

任务 3-2　构建粤文创项目的 E-R 图。

1）识别实体

经过分析，粤文创项目中主要包括存储地区基本信息的地区实体、存储民俗信息的民俗实体、存储名人信息的名人实体、存储荣誉信息的荣誉实体、存储工作人员信息的工作人员实体和存储工作计划的工作计划实体。

2）识别实体的属性

（1）地区实体的属性：地区编号、中文名、外文名、别名、地理位置、面积、人口数量、电话区号和车牌代码，如图 3-12 所示。

图 3-12　地区实体的属性

（2）民俗实体的属性：编号、民俗名称和民俗介绍，如图 3-13 所示。

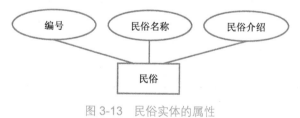

图 3-13　民俗实体的属性

（3）名人实体的属性：编号、姓名和人物简介，如图 3-14 所示。

图 3-14　名人实体的属性

（4）荣誉实体的属性：编号和荣誉称号，如图 3-15 所示。

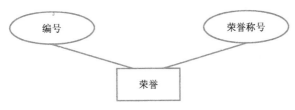

图 3-15   荣誉实体的属性

（5）工作人员实体的属性：工号、姓名、职称、性别、民族、出生日期、籍贯和手机号，如图 3-16 所示。

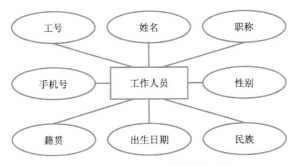

图 3-16   工作人员实体的属性

（6）工作计划实体的属性：计划编号、计划名称、制订者工号、发布时间、审核者工号、审核时间、计划开始时间、计划结束时间和计划内容，如图 3-17 所示。

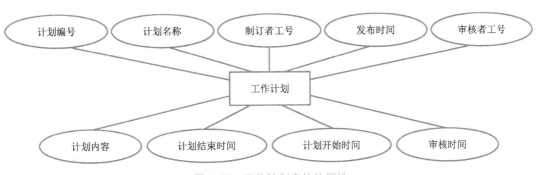

图 3-17   工作计划实体的属性

3）识别实体之间的联系

一种民俗属于一个地区，一个地区有多种民俗，因此地区实体和民俗实体之间是一对多的关系。以此类推，地区实体和名人实体、地区实体和荣誉实体之间也是一对多的关系。

一个工作人员可以参与多个工作计划，一个工作计划可以有多个工作人员参与，因此工作计划实体和工作人员实体之间是多对多的关系。

一个工作计划可能作用于多种民俗，一种民俗可能被多个工作计划所作用，因此工作计划实体与民俗实体之间是多对多的关系。以此类推，工作计划实体和名人实体、工作计划实体和荣誉实体之间也是多对多的关系。

粤文创项目的 E-R 图如图 3-18 所示，因篇幅有限，隐去了各个实体的属性。

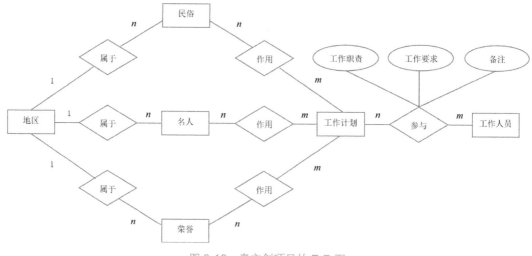

图 3-18　粤文创项目的 E-R 图

任务 3-3　将 E-R 图转换为关系模型。

应用 E-R 图转换为关系模型的规则，将任务 3-2 中的粤文创项目的 E-R 图转换为关系模型。

1）转换实体

将粤文创项目中的每个实体转换为表，具体如下。

- 地区表（地区编号、中文名、外文名、别名、地理位置、面积、人口数量、电话区号、车牌代码）。
- 民俗表（编号、民俗名称、民俗介绍）。
- 名人表（编号、姓名、人物简介）。
- 荣誉表（编号、荣誉称号）。
- 工作人员表（工号、姓名、职称、性别、民族、出生日期、籍贯、手机号）。
- 工作计划表（计划编号、计划名称、制订者工号、发布时间、审核者工号、审核时间、计划开始时间、计划结束时间、计划内容）。

2）转换联系

根据粤文创项目的 E-R 图中实体之间的关系，应用转换规则确定各个表的主键与外键，并得到关系表，具体如下。

（1）地区表与民俗表、名人表、荣誉表之间都是一对多的关系，转换后可得如下表。

- 地区表（地区编号 PK、中文名、外文名、别名、地理位置、面积、人口数量、电话区号、车牌代码）。

- 民俗表（编号 PK、民俗名称、民俗介绍、地区编号 FK）。
- 名人表（编号 PK、姓名、人物简介、地区编号 FK）。
- 荣誉表（编号 PK、荣誉称号、地区编号 FK）。

（2）工作人员表与工作计划表之间是多对多的关系，转换后可得如下表。

- 工作人员表（工号 PK、姓名、职称、性别、民族、出生日期、籍贯、手机号）。
- 工作计划表（计划编号 PK、计划名称、制订者工号 FK、发布时间、审核者工号 FK、审核时间、计划开始时间、计划结束时间、计划内容）。
- 工作计划参与人员表（编号 PK、计划编号 FK、工号 FK、工作职责、工作要求、备注）。

（3）工作计划表与民俗表、名人表、荣誉表之间均是多对多的关系，转换后可得如下表。

- 工作计划-民俗表（编号、计划编号、民俗记录编号、备注）。
- 工作计划-名人表（编号、计划编号、名人记录编号、备注）。
- 工作计划-荣誉表（编号、计划编号、荣誉记录编号、备注）。

为了提高查询效率，将以上 3 个关系合并为一个，并增加一个属性"类型"，用于标识民俗记录、名人记录或荣誉记录，结果如下。

工作计划项目表（编号 PK、计划编号 FK、记录编号、类型、备注）。

任务 3-4　将关系模型进行规范化处理。

在粤文创项目的关系模型中，每个关系模式中的属性都不可再分，满足第一范式的要求；每个关系模式中的所有非主属性完全依赖主键属性，满足第二范式的要求；每个关系模式中的所有非主属性都不传递依赖主键属性，满足第三范式的要求。

需要注意的是，主键与外键在多个表中重复出现不属于数据冗余。非键字段的重复出现属于数据冗余。在实际的数据库应用系统开发过程中，有时需要保留部分数据冗余，以方便数据查询。

拓展任务 3-1　找到可制作 E-R 图的软件，并使用该软件构建粤文创项目的 E-R 图。

巩固与小结

（1）数据库的体系结构为三级模式结构与二级存储映像。三级模式结构为内模式、模式和外模式。二级存储映像为外模式/模式映像（用来保证数据的逻辑独立性）和模式/内模式映像（用来保证数据的物理独立性）。

（2）根据不同的应用层次，数据模型可以分为 3 种类型，即概念模型、逻辑模型和物理模型。数据模型通常由数据结构、数据操作和数据完整性 3 个部分组成。逻辑模型主要分为 4 种，分别是层次模型、网状模型、关系模型和面向对象模型。

（3）概念设计是整个数据库设计的关键，可以形成一个独立于具体数据库管理系统的概念模型。概念模型常用 E-R 图表示。E-R 图由实体、属性和联系组成。

（4）逻辑设计的任务是将 E-R 图转换成具体的数据库管理系统所支持的逻辑模型，并对其进行优化。目前，常用的逻辑模型为关系模型，使用二维表来表示实体及实体之间的关系。

（5）将 E-R 图转换为关系模型应遵循如下规则。

- 一个实体转换为一个表：实体的属性就是表的属性。
- 一对一的关系转换为关系模式：在两个实体对应的表中任选一个，添加另一个实体的主键即可。
- 一对多的关系转换为关系模式：在 n 端实体所对应的表中加入 1 端实体的主键和联系的属性。
- 多对多的关系转换为关系模式：需要将该关系相连的各个实体的主键和联系本身的属性组成一个新表，该表的主键是各个实体主键的组合。

（6）按照规范化级别，范式分为 5 种，即第一范式、第二范式、第三范式、第四范式和第五范式。范式级别越高，冗余度越低，表越多，所以可能导致查询效率低下。在实际工作中，一般规范化到第三范式，以免出现影响查询性能的问题。

任务训练

【训练目的】

（1）能使用 E-R 图分析数据库。
（2）能使用关系模型设计数据库。
（3）能使用范式规范化数据库。

【任务清单】

（1）厘清点餐系统的主要业务逻辑。

- 用户管理：用户信息（如用户名、登录密码、用户类型、最后登录时间和禁用状态等）的增加、删除、修改与查询。
- 餐桌管理：餐桌信息（如餐桌名称和容纳人数等）的增加、删除、修改与查询。
- 菜品分类管理：菜品分类信息（如分类名称、分类创建时间、创建人和图标地址等）的增加、删除、修改与查询。
- 菜品管理：菜品信息（如菜品名称、菜品标签、菜品详情描述、菜品创建时间、创建人、可用状态、所属分类、菜品图片地址和菜品价格等）的增加、删除、修改与查询。

- 订单管理：订单信息（如餐桌序号、订单创建时间、创建人、订餐人、联系电话、用餐时间、订单总价、订单状态、所订菜品和菜品数量等）的增加、删除、修改与查询。

（2）构建点餐系统的 E-R 图。

（3）将点餐系统的 E-R 图转换为关系模型。

（4）规范化点餐系统的关系模型。

【任务反思】

（1）记录任务训练过程中遇到的问题及其解决方法。

（2）记录任务训练过程中的成功经验。

（3）思考任务解决方案还存在哪些漏洞，以及如何完善。

习题

一、选择题

1. 区分不同实体的依据是（　　）。

    A. 名称　　　　　　B. 属性　　　　　　C. 对象　　　　　　D. 概念

2. E-R 图中的矩形、椭圆和菱形分别表示（　　）。

    A. 实体、属性、实体集　　　　　　　B. 实体、键、联系

    C. 实体、属性、联系　　　　　　　　D. 实体、域、实体集

3. 在一个关系中，能唯一标识元组的属性或属性组合的是关系的（　　）。

    A. 外键　　　　　　B. 主键　　　　　　C. 从键　　　　　　D. 域

4. MySQL 是（　　）数据库管理系统。

    A. 层次型　　　　　B. 网状型　　　　　C. 关系型　　　　　D. 面向对象

5. 用二维表表示实体与实体之间关系的数据模型是（　　）的。

    A. 层次型　　　　　B. 网状型　　　　　C. 关系型　　　　　D. 面向对象

6. 在数据库设计中，E-R 图是进行（　　）的主要工具。

    A. 需求分析　　　　B. 概念设计　　　　C. 逻辑设计　　　　D. 物理设计

7. 在设计关系型数据库时，关系模式至少要满足（　　）的要求。

    A. 第一范式　　　　B. 第二范式　　　　C. 第三范式　　　　D. 第四范式

8. 如果将多对多（$m：n$）的关系转换为关系模式，那么该关系模式的主键是（　　）。

    A. m 端实体的主键

    B. n 端实体的主键

    C. m 端实体的主键与 n 端实体的主键的组合

    D. 重新选取其他属性

9. 满足第二范式的要求的范式（　　）。

　　A．可能是第一范式　　　　　　　　B．必定是第三范式

　　C．必定是第一范式　　　　　　　　D．必定是第四范式

10. 设有关系模式部门（部门编号，部门名称，部门成员，部门人数），（　　）属性使它不满足第一范式的要求。

　　A．部门编号　　　B．部门名称　　　C．部门成员　　　D．部门人数

二、填空题

1. ＿＿＿＿＿＿＿＿＿是指实体所具有的某种特征，用来描述实体。

2. 实体之间的关系可以分为 3 种，分别是＿＿＿＿＿＿、＿＿＿＿＿＿和＿＿＿＿＿＿。

3. 在一个关系中，若每个属性都不可再分，则该关系一定属于＿＿＿＿＿＿。

4. 在关系 Y（YID，YN，BID）和关系 B（BID，BN）中，Y 的主键是 YID，B 的主键是 BID，则 BID 在 Y 中称为＿＿＿＿＿＿。

三、简答题

1. 什么是 E-R 图？构成 E-R 图的基本要素是什么？

2. 什么是关系模型？关系模型的表现形式是什么？

3. 如何把 E-R 图转换为关系模型？

4. 什么是关系规范化？范式有哪几种？

项目 4
建库建表基础操作

【知识目标】

（1）理解数据库的基本概念。

（2）掌握数据库的基础操作。

（3）理解数据表的结构。

（4）掌握数据表的基础操作。

（5）掌握 MySQL 的数据类型。

（6）掌握数据库的备份和还原。

【技能目标】

（1）会创建和管理数据库。

（2）会创建和管理数据表。

（3）会为字段选择合适的数据类型。

（4）会备份和还原数据库。

【素养目标】

（1）培养学生对数据库设计的兴趣，提升学生的专业忠诚度。

（2）培养学生细心、严谨的工作作风。

（3）培养学生的工作抗压能力。

（4）培养学生独立思考和自主开发的能力。

【工作情境】

在粤文创项目中，需要设计一套实用性、逻辑性和安全性较强的数据库系统。负责项目的小王在工作中发现，该数据库系统至少涉及 8 个数据表，每个数据表的数据之间存在联系，构成一个完整的数据库系统。在创建完数据库系统之后就可以对数据库进行管理。

每个数据表由不同的字段组成，各个字段的数据类型不尽相同，因此需要为不同的字段设计合理的数据类型。之后就可以对创建好的数据表执行查看、修改和删除等操作。

在完成数据库系统设计后，还要人为或定时周期性地备份数据库，以免数据丢失时无法恢复，造成不必要的麻烦。

【思维导图】

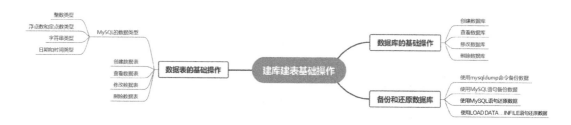

任务 1　数据库的基础操作

【任务分析】

数据库是指长期存储在计算机内有组织的、可共享的数据集合，并且已广泛应用于各个领域。可以将数据库看成存储和管理数据的仓库。首先创建数据库，然后建立数据表及其他的数据对象，最后对数据库进行管理，包括查看、修改和删除数据库等。

小王对粤文创项目进行分析后得到的任务清单如下。

任务编号	任务内容
任务 4-1	创建一个名为 gdci 的数据库，采用字符集 utf8mb4 和校对规则 utf8mb4_general_ci
任务 4-2	列出当前用户可以查看的所有数据库
任务 4-3	使用 LIKE 从句，查看与 gdci 完全匹配的数据库
任务 4-4	使用 LIKE 从句，查看名称中包含 gdci 的数据库
任务 4-5	使用命令行工具将数据库 gdci 的指定字符集修改为 gb2312，默认校对规则修改为 gb2312_unicode_ci
任务 4-6	将数据库 gdci 从数据库列表中删除
拓展任务 4-1	使用 Navicat 创建一个名称为 gdci_backup 的数据库
拓展任务 4-2	使用 Navicat 修改数据库属性
拓展任务 4-3	使用 Navicat 删除数据库

【知识储备】

1. 创建数据库

创建数据库可以借助图形化工具,也可以使用 SQL 语句 CREATE DATABASE 或 CREATE SCHEMA。使用 CREATE DATABASE 语句或 CREATE SCHEMA 语句创建数据库的基本语法格式如下:

```
CREATE {DATABASE|SCHEMA} [IF NOT EXISTS] <数据库名>
[[DEFAULT] CHARACTER SET <字符集名>]
[[DEFAULT] COLLATE <校对规则名>];
```

需要说明以下几点。

- "{}" 表示必选项,"[]" 表示可选项,"|" 表示几项中任选其一。
- <数据库名>:用于指定要创建的数据库名。MySQL 的数据存储区将以目录方式表示 MySQL 数据库,因此数据库名必须符合操作系统的文件夹命名规则,不能以数字开头,尽量要有实际意义。在 MySQL 中不区分大小写。
- IF NOT EXISTS:在创建数据库之前进行判断,只有该数据库目前尚不存在时才能执行操作。此选项可以用来避免数据库已经存在而重复创建的错误。
- [DEFAULT] CHARACTER SET:用于指定数据库的字符集。指定字符集是为了避免在数据库中存储的数据出现乱码。如果在创建数据库时不指定字符集,那么使用系统默认的字符集。
- [DEFAULT] COLLATE:用于指定字符集默认的校对规则。

2. 查看数据库

在 MySQL 中,可以使用 SHOW DATABASES 语句来查看或显示当前用户权限范围以内的数据库。其基本语法格式如下:

```
SHOW DATABASES [LIKE '数据库名'];
```

需要说明以下几点。

- "[]" 为可选项。
- LIKE 从句可以部分匹配,也可以完全匹配。
- 数据库名用单引号引起来。

3. 修改数据库

在 MySQL 中,可以使用 ALTER DATABASE 语句或 ALTER SCHEMA 语句来修改已经创建或存在的数据库的相关参数。其基本语法格式如下:

```
ALTER {DATABASE|SCHEMA} [IF NOT EXISTS] 数据库名
[ DEFAULT ] CHARACTER SET <字符集名>
[ DEFAULT ] COLLATE <校对规则名>
```

需要注意以下几点。

- ALTER DATABASE 语句用于更改数据库的全局特性。
- 使用 ALTER DATABASE 语句需要获得数据库 ALTER 权限。
- 数据库名可以忽略，此时语句对应默认数据库。

4. 删除数据库

当数据库不再使用时应该将其删除，以确保数据库存储空间中存储的是有效数据。删除数据库是将已经存在的数据库从磁盘空间中清除，数据库中的所有数据也将一同被清除。

在 MySQL 中，当需要删除已创建的数据库时，可以使用 DROP DATABASE 语句。其基本语法格式如下：

```
DROP DATABASE [ IF EXISTS ] <数据库名>
```

需要说明以下几点。

- <数据库名>：用于指定要删除的数据库名。
- IF EXISTS：用于防止当数据库不存在时发生错误。
- DROP DATABASE：删除数据库中的所有表格，同时删除数据库。在使用 DROP DATABASE 语句时要非常小心，以免错误删除。如果要使用 DROP DATABASE 语句，就需要获得数据库 DROP 权限。

【任务实施】

任务 4-1　创建一个名为 gdci 的数据库，采用字符集 utf8mb4 和校对规则 utf8mb4_general_ci：

```
CREATE DATABASE IF NOT EXISTS gdci
DEFAULT CHARACTER SET utf8mb4
DEFAULT COLLATE utf8mb4_general_ci;
```

注意：在上述例子中，指定了字符集 utf8mb4 和校对规则 utf8mb4_general_ci。若只指定了字符集而没有指定校对规则，则采用该字符集对应的默认校对规则。若两者都没有指定，则采用服务器字符集和服务器校对规则。另外，MySQL 不允许两个数据库使用相同的名称，使用 IF NOT EXISTS 将不再显示错误信息。

任务 4-2　列出当前用户可以查看的所有数据库：

```
SHOW DATABASES;
```

任务 4-3　使用 LIKE 从句，查看与 gdci 完全匹配的数据库：

```
SHOW DATABASES LIKE 'gdci';
```

任务 4-4　使用 LIKE 从句，查看名称中包含 gdci 的数据库：

```
SHOW DATABASES LIKE '%gdci%';
```

任务 4-5　使用命令行工具将数据库 gdci 的指定字符集修改为 gb2312，默认校对规则修改为 gb2312_unicode_ci：

```
ALTER DATABASE gdci
DEFAULT CHARACTER SET gb2312
DEFAULT COLLATE gb2312_unicode_ci;
```

任务 4-6　将数据库 gdci 从数据库列表中删除：

```
DROP DATABASE gdci;
```

拓展任务 4-1　使用 Navicat 创建一个名称为 gdci_backup 的数据库。

具体步骤如下。

（1）连接 MySQL 服务器。

启动 Navicat for MySQL 后，打开"Navicat for MySQL"窗口，选择"文件"→"新建连接"→"MySQL"命令，打开"新建连接（MySQL）"对话框。选择"常规"选项卡，输入连接名（如"mysql4"）和密码，如图 4-1 所示，单击"测试连接"按钮，显示连接成功信息。

图 4-1　输入连接名和密码

（2）创建数据库。

① 第一种方式是选中并右击连接名"mysql4"，在弹出的快捷菜单中选择"新建数据库"命令，如图 4-2 所示，打开"新建数据库"对话框。第二种方式是通过双击展开"mysql4"服务器，选中并右击任何一个已存在的数据库，在弹出的快捷菜单中选择"新建数据库"

命令，如图 4-3 所示，打开"新建数据库"对话框。

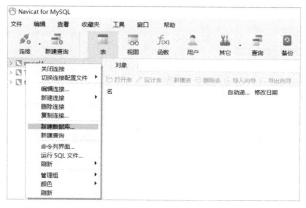

图 4-2　选择"新建数据库"命令（第一种方式）

图 4-3　选择"新建数据库"命令（第二种方式）

　　② 输入数据库名"gdci_backup"，指定数据库需要的字符集"utf8mb4"和排序规则
"utf8mb4_general_ci"，如图 4-4 所示，单击"确定"按钮即可创建数据库 gdci_backup，如
图 4-5 所示。

图 4-4　"新建数据库"对话框

图 4-5　创建数据库 gdci_backup

拓展任务 4-2　使用 Navicat 修改数据库属性。

打开 "Navicat for MySQL" 窗口，连接 MySQL 服务器后，选中并右击要修改的数据库 "gdci_backup"，在弹出的快捷菜单中选择 "编辑数据库" 命令，如图 4-6 所示，打开 "编辑数据库" 对话框，如图 4-7 所示。在 "编辑数据库" 对话框中可以设置字符集和排序规则（校对规则），单击 "确定" 按钮即可修改数据库的属性。

图 4-6　选择 "编辑数据库" 命令　　　　　　图 4-7　"编辑数据库" 对话框

拓展任务 4-3　使用 Navicat 删除数据库。

选中并右击要删除的数据库 "gdci_backup"，在弹出的快捷菜单中选择 "删除数据库" 命令，如图 4-8 所示，打开 "确认删除" 提示框，如图 4-9 所示，单击 "删除" 按钮即可实现数据库的删除。

图 4-8 选择"删除数据库"命令

图 4-9 "确认删除"提示框

任务 2 数据表的基础操作

 【任务分析】

数据表隶属于数据库。在创建数据表之前，需要使用语句"USE<数据库名>"指定操作是在哪个数据库中进行的。

在数据库中创建数据表，因为数据库本身是无法存储数据的。要存储数据必须创建数据表，数据表由多个字段构成，每个字段指定不同的数据类型。数据类型是对数据存储方式的一种约定，能够规定数据存储时所占空间的大小。

MySQL 使用不同的数据类型存储数据。数据类型主要根据数据值的内容、大小和精度来确定，主要分为整数类型、浮点数和定点数类型、字符串类型、日期和时间类型 4 种。

在创建数据表之后，可以对数据表进行查看、修改和删除等。

小王对粤文创项目进行分析后得到的任务清单如下。

任务编号	任务内容
任务 4-7	使用 SQL 语句在数据库 gdci 中创建地区表 area
任务 4-8	使用 SQL 语句在数据库 gdci 中创建民俗表 folk
任务 4-9	使用 SQL 语句在数据库 gdci 中创建名人表 celebrity
任务 4-10	使用 SQL 语句在数据库 gdci 中创建荣誉表 honor
任务 4-11	使用 SQL 语句在数据库 gdci 中创建工作人员表 user
任务 4-12	使用 SQL 语句在数据库 gdci 中创建工作计划表 plan
任务 4-13	使用 SQL 语句在数据库 gdci 中创建工作计划参与人员表 participant
任务 4-14	使用 SQL 语句在数据库 gdci 中创建工作计划项目表 planforproject
拓展任务 4-4	在数据库 gdci 中，采用复制的方式先创建一个名称为 area_copy1 的表，表结构直接取自地区表 area；再创建一个名称为 area_copy2 的表，其结构和内容（数据）都取自地区表 area
拓展任务 4-5	使用 Navicat 在数据库 gdci_backup 中创建工作人员表 user01

【知识储备】

1. MySQL 的数据类型

1）整数类型

整数类型主要用于存储精确整数数值，其占用的字节数、取值范围如表 4-1 所示。

表 4-1　整数类型

类型	占用的字节数	取值范围（有符号）	取值范围（无符号）	说明
TINYINT	1 字节	（-128,127）	（0,255）	小整数值
SMALLINT	2 字节	（-32768,32767）	（0,65535）	较大整数值
MEDIUMINT	3 字节	（-8388608,8388607）	（0,16777215）	大整数值
INT 或 INTEGER	4 字节	（-2147483648,2147483647）	（0,4294967295）	中等范围的大整数值
BIGINT	8 字节	$(-2^{63},2^{63}-1)$	$(0,2^{64}-1)$	极大整数值

需要说明以下几点。

- TINYINT：一般用于枚举数据，如系统设定取值范围很小且固定的场景。
- SMALLINT：可以用于较小范围的统计数据，如统计工厂的固定资产、库存数量等。
- MEDIUMINT：用于较大整数的计算，如车站每日的客流量等。
- INT 或 INTEGER：取值范围足够大，在一般情况下不用考虑超限问题，用得最多，如商品编号。
- BIGINT：只有在处理特别大的整数时才会用到，如"双十一"的交易量、大型门户网站的点击量等。

2）浮点数和定点数类型

MySQL 中使用浮点数和定点数来表示小数。浮点数和定点数类型的特点是可以处理小数，可以把整数看成小数的一个特例。因此，浮点数和定点数类型的使用场景比整数类型的使用场景大。

浮点类型有两种，分别为单精度浮点类型（FLOAT）和双精度浮点类型（DOUBLE）。定点类型在数据库中用来存储精确的值。定点类型只有一种，即 DECIMAL。浮点类型和定点类型都可以使用（M,N）来表示。M 表示总共的有效位数，也称为精度；N 表示小数的位数；M 大于或等于 0，N 小于或等于 M。MySQL 中的浮点类型和定点类型如表 4-2 所示。

表 4-2　MySQL 中的浮点类型和定点类型

类型	占用的字节数	范围（有符号）	范围（无符号）	说明
FLOAT(M,N)	4 字节	（-3.402823466E+38，-1.175494351E-38），0，（1.175494351E-38，3.402823466351E+38）	0，（1.175494351E-38，3.402823466E+38）	单精度浮点数值，如成绩、温度等较小的小数

续表

类型	占用的字节数	范围（有符号）	范围（无符号）	说明
DOUBLE(M,N)	8 字节	（−1.7976931348623157E+308，−2.2250738585072014E−308），0，（2.2250738585072014E−308，1.7976931348623157E+308）	0，（2.2250738585072014E−308，1.7976931348623157E+308）	双精度浮点数值，如科学数据
DECIMAL(M,N)	M+2 字节	依赖 M 和 N 的值	依赖 M 和 N 的值	精确的小数值，最大有效位数为 65 位，可以精确到小数点后 30 位，如商品价格或科学数据

需要说明以下几点。

- 不同于 FLOAT 和 DOUBLE，DECIMAL 实际上是以字符串存储的，并且存储位数并不是固定不变的，而是由有效位数决定的，占用"有效位数+2"字节。
- 不管是定点类型还是浮点类型，如果用户指定的精度超出其精度范围，就会进行四舍五入处理。如果实际有效位数超出了指定的有效位数，那么以实际的有效位数为准。

3）字符串类型

字符串也是常用的数据类型之一，主要用于存储字符串或文本信息。字符类型的数据通常被放在一对引号（"）中。常用的字符串类型主要包括 CHAR、VARCHAR、BINARY、VARBINARY、BLOB、TEXT、ENUM 和 SET。MySQL 中的字符串类型如表 4-3 所示。

表 4-3　MySQL 中的字符串类型

类型	长度	说明
CHAR(n)	0～255 个字符	定长字符串
VARCHAR(n)	0～65 535 个字符	变长字符串
TINYTEXT	0～255 个字符	短文本字符串
TEXT	0～65 535 个字符	长文本数据
MEDIUMTEXT	0～16 777 215 个字符	中等长度文本数据
LONGTEXT	0～4 294 967 295 个字符	极大文本数据
TINYBLOB	0～255 字节	不超过 255 个字符的二进制数据
BLOB	0～65 535 字节	二进制形式的长文本数据
MEDIUMBLOB	0～16 777 215 字节	二进制形式的中等长度文本数据
LONGBLOB	0～4 294 967 295 字节	二进制形式的极大文本数据
BINARY(n)	n+4 字节	定长二进制数据，n 的范围为 1～255，当数据的长度达不到最大长度时，不足部分以 0 填充
VARBINARY(n)	实际长度+4 字节	变长二进制数据，n 的范围为 1～65 535，只保存需要的长度，不进行填充
ENUM(列值 1,列值 2,…)	1～65 535 种列值字符串	
SET(列值 1,列值 2,…)	0～64 个列值成员	

注意：CHAR(n)和 VARCHAR(n)中的 n 代表字符的个数，并不代表字节数，如 CHAR(10)表示可以存储 10 个字符。

（1）CHAR 和 VARCHAR 类型。

CHAR(n)一般需要预先定义字符串的长度。如果不指定 n，就表示长度默认是 1 个字符。

如果保存时数据的实际长度比 CHAR 类型声明的长度小，就会在右侧填充空格以达到指定的长度。当 MySQL 检索 CHAR 类型的数据时，会去除尾部的空格。

在定义 CHAR 类型的字段时，声明的字段长度就是 CHAR 类型的字段所占的存储空间的字节数。

在使用 VARCHAR(n)定义时，必须指定长度 n，否则会报错。在 MySQL 4.0 及其以下版本中，VARCHAR(20)指的是 20 字节，如果存储的是 UTF8 汉字，就只能保存 6 个（每个汉字占 3 字节）；在 MySQL 5.0 及其以上版本中，VARCHAR(20)指的是 20 个字符。

在检索 VARCHAR 类型的字段时，会保留数据尾部的空格。VARCHAR 类型的字段所占用的存储空间为字符串实际的长度加 1 字节。

（2）TEXT 类型。

在 MySQL 中，TEXT 用来保存文本类型的字符串，常用于存储长文本数据，如新闻事件和产品描述信息等。按照文本的长短，总共包含 4 种类型，分别为 TINYTEXT、TEXT、MEDIUMTEXT 和 LONGTEXT。

（3）BLOB 类型。

BLOB 是一个二进制大对象，可以容纳可变数量的数据。

MySQL 中的 BLOB 类型包括 TINYBLOB、BLOB、MEDIUMBLOB 和 LONGBLOB 4 种类型，它们可容纳值的最大长度不同。BLOB 类型用于存储一个二进制形式的大对象，如图片、音频、附件和视频等。需要注意的是，在实际工作中，往往不会在 MySQL 中使用 BLOB 类型存储大对象数据，通常将图片、音频和视频文件存储到服务器的磁盘上，并将图片、音频和视频的访问路径存储到 MySQL 中。

（4）BINARY 和 VARBINARY 类型。

BINARY 和 VARBINARY 类似于 CHAR 和 VARCHAR，不同之处在于它们只包含二进制字符串，这说明它们没有字符集。

BINARY(n)为固定长度的二进制字符串，n 表示最多能存储的字节数，取值范围是 0～255 个字符。如果未指定 n，就表示只能存储 1 字节。例如，BINARY(8)表示最多能存储 8 字节，如果字段值不足 n 字节，就在右边填充'\0'以补齐指定长度。

VARBINARY(n)为可变长度的二进制字符串，n 表示最多能存储的字节数，总字节数不能超过行的字节长度限制 65 535。另外，还要考虑额外字节开销，VARBINARY 类型的数据除了可以存储数据本身，还需要 1 字节或 2 字节来存储数据的字节数。VARBINARY 类型必须指定 n，否则会报错。

（5）ENUM 和 SET 类型。

ENUM 也叫作枚举类型。ENUM 类型的取值范围需要在定义字段时指定，取值列表中最多可以定义 65 535 种不同的字符串。在设置字段值时，ENUM 类型只允许从成员中选取单个值，不能一次选取多个值。其所需要的存储空间由定义 ENUM 类型时指定的成员个数决定。如果字段表示性别，那么可以使用 ENUM 类型，ENUM('男','女')只有两种选择：要么是"男"，要么是"女"。

SET 表示一个字符串对象，可以包含 0 个或多个成员，但成员上限为 64 个。在设置字段值时，可以取取值范围内的 0 个或多个值。当 SET 类型包含的成员个数不同时，其所占用的存储空间也是不同的。

SET 类型在存储数据时成员个数越多，所占用的存储空间越大。如果字段表示兴趣爱好的，那么尽量提供多选项选择，可以使用 SET 类型，SET('看书','画画','篮球','足球')，表示可以选择"看书""画画""篮球""足球"中的 0 项或多项。

注意：SET 类型在选取成员时，可以一次选择多个成员，这一点与 ENUM 类型不同。

4）日期和时间类型

在数据库中经常存储一些日期和时间数据，如出生日期、出厂日期等。日期和时间类型的数据也可以使用字符串保存，但为了使数据标准化，数据库中提供了专门存储日期和时间的数据类型。

常用的表示时间值的日期和时间类型为 DATETIME、DATE、TIMESTAMP、TIME、YEAR，它们具有固定的格式和范围，如表 4-4 所示。

表 4-4　日期和时间类型

类型	占用的字节数	范围	格式	说明
DATE	3 字节	1000-01-01 到 9999-12-31	YYYY-MM-DD	日期值
TIME	3 字节	'-838:59:59'到'838:59:59'	HH:MM:SS	时间值或持续时间
YEAR	1 字节	1901 到 2155	YYYY	年份值
DATETIME	8 字节	'1000-01-01 00:00:00'到'9999-12-31 23:59:59'	YYYY-MM-DD hh:mm:ss	混合日期和时间值
TIMESTAMP	4 字节	'1970-01-01 00:00:01' UTC 到 '2038-01-19 03:14:07' UTC　结束时间是第 2 147 483 647 秒，北京时间 2038-1-19 11:14:07，格林尼治时间 2038 年 1 月 19 日凌晨 3:14:07	YYYY-MM-DD hh:mm:ss	混合日期和时间值，时间戳

2. 创建数据表

在创建数据库之后，接下来就要在数据库中创建数据表。所谓的创建数据表，指的是在已经创建的数据库中建立新表。

创建数据表就是规定数据列的属性的过程，也是实施数据完整性（包括实体完整性、引用完整性和域完整性）约束的过程。下面介绍创建数据表的语法形式。

在 MySQL 中，使用 CREATE TABLE 语句可以创建表，基本语法格式如下：

```
CREATE [TEMPORARY] TABLE [IF NOT EXISTS] 表名
(
列名1 数据类型　约束,
列名2 数据类型　约束,
列名3 数据类型　约束,
...
列名n 数据类型　约束
)ENGINE=存储引擎;
```

需要说明以下几点。

- TEMPORARY：若使用该关键字，则表示创建临时表；若不使用该关键字，则表示创建持久表。
- IF NOT EXISTS：在创建数据表时加上 IF NOT EXISTS 判断，只有该数据表目前尚不存在时才执行 CREATE TABLE 语句，避免出现重复创建数据表的情况。
- 表名：在创建数据表时，必须指定要创建的数据表的名称，数据表的名称不区分大小写，但必须符合 MySQL 标识符的命名规则，不能使用 SQL 中的关键字，如不能使用 SELECT、INSERT 和 DROP 等。
- 数据类型：列的数据类型，有的数据类型需要指明长度 n，并用括号括起来。
- 约束：包括非空约束、默认值约束、主键约束、唯一性约束、外键约束和检查约束等。
- 存储引擎：MySQL 默认的存储引擎是 InnoDB，通常可以省略。

示例 4-1　在数据库 gdci 中创建一个名称为 area 的表示地区的数据表，用于存储注册用户的信息。area 的表结构如表 4-5 所示。

表 4-5　area 的表结构

字段名	数据类型	是否为空	说明
areaNumber	CHAR(6)	NOT NULL	地区编号
chineseName	VARCHAR(10)	NOT NULL	中文名
foreignName	VARCHAR(40)	NULL	外文名
alias	VARCHAR(40)	NULL	别名
geographicalPosition	VARCHAR(40)	NULL	地理位置
area	DECIMAL(9,2)	NOT NULL	面积
populationSize	INT	NOT NULL	人口数量
areaCode	CHAR(4)	NOT NULL	电话区号
licensePlateCode	CHAR(4)	NOT NULL	车牌代码

输入的 SQL 语句如下所示：

```
CREATE TABLE area(
  areaNumber CHAR(6) NOT NULL,
  chineseName VARCHAR(10) NOT NULL,
  foreignName VARCHAR(40) NULL,
  alias VARCHAR(40) NULL,
  geographicalPosition VARCHAR(40) NULL,
  area DECIMAL(9,2) NOT NULL,
  populationSize INT NOT NULL,
  areaCode CHAR(4) NOT NULL,
  licensePlateCode CHAR(4) NOT NULL
) ENGINE=InnoDB DEFAULT CHARSET=utf8mb3 COLLATE=utf8mb3_bin;
```

3. 查看数据表

1）显示数据表的名称

在 MySQL 中，使用 SHOW TABLES 语句可以查询当前数据库中所有数据表的名称，基本语法格式如下：

```
USE 数据库名;
SHOW TABLES;
```

示例 4-2　查看数据库 gdci 中数据表的情况。

输入的 SQL 语句如下所示：

```
USE gdci;
SHOW TABLES;
```

2）显示数据表的结构

DESCRIBE|DESC 语句会以表格的形式来展示表的字段信息，包括字段名、字段数据类型、是否为主键、是否有默认值等，基本语法格式如下：

```
{DESCRIBE|DESC} 表名 [列名|通配符]
```

需要说明以下几点。

- DESCRIBE|DESC：DESC 是 DESCRIBE 的简写，二者的用法相同。
- 列名|通配符：可以是一个列名称，也可以是一个包含通配符 "%" 和 "_" 的字符串，用于获得名称与给定字符串相匹配的各列的输出。没有必要在引号中包含字符串，除非其中包含空格或其他特殊字符。

示例 4-3　用 DESC 语句查看数据表 area 中各列的信息。

输入的 SQL 语句如下所示：

```
DESC area;
```

运行结果如图 4-10 所示。

```
 1  DESC area;
```

信息　摘要　结果 1　剖析　状态

Field	Type	Null	Key	Default	Extra
areaNumber	char(6)	NO		(Null)	
chineseName	varchar(10)	NO		(Null)	
foreignName	varchar(40)	YES		(Null)	
alias	varchar(40)	YES		(Null)	
geographicalPos	varchar(40)	YES		(Null)	
area	decimal(9,2)	NO		(Null)	
populationSize	int	NO		(Null)	
areaCode	char(4)	NO		(Null)	
licensePlateCode	char(4)	NO		(Null)	

图 4-10　示例 4-3 的运行结果

4. 修改数据表

在 MySQL 中，使用 ALTER TABLE 语句可以改变原有表的结构，如增加或删除列、更改原有列的数据类型、重新命名列或表等。

（1）为表增加新的数据列。

其基本语法格式如下：

```
ALTER [IGNORE] TABLE 表名 ADD 新增列的列名 数据类型[FIRST|AFTER 参照的列名]
```

需要说明以下几点。

- IGNORE：在修改后的新表中存在重复关键字，如果没有指定 IGNORE，那么当重复关键字错误发生时操作失败。如果指定了 IGNORE，那么对于有重复关键字的行只使用第一行，其他有冲突的行被删除。
- FIRST|AFTER：参照列的列名，表示新增列在参照列的前面或后面添加，若不指定，则添加到最后。

示例 4-4　在数据库 gdci 中先使用 CREATE TABLE 语句创建工作人员表 user，该表中包含工号、姓名、职称、性别、民族和出生日期。通过修改表的方式在"出生日期"（birthday）列后增加新的列"籍贯"（nativePlace），其数据类型为 VARCHAR(10)；在所有列的后面增加"手机号"列，其数据类型为 VARCHAR(13)。

输入的 SQL 语句如下所示：

```
CREATE TABLE user (
  userId SMALLINT(0) NOT NULL,
  userName VARCHAR(8) NULL,
  fkTitle VARCHAR(10) NULL,
  gender VARCHAR(2) NULL,
  nation VARCHAR(10) NULL,
  birthday DATE NULL
```

```
) ENGINE = InnoDB CHARSET = utf8mb3 COLLATE = utf8mb3_bin;
ALTER TABLE user
   ADD nativePlace VARCHAR(10) AFTER birthday,
   ADD phone VARCHAR(13);
```

（2）为表删除数据列。

其基本语法格式如下：

```
ALTER [IGNORE] TABLE 表名 DROP [COLUMN] 列名
```

说明：列名就是要删除列的列名。

示例 4-5　修改数据库 gdci 中的工作人员表 user，删除该表中的"籍贯"（nativePlace）列。

输入的 SQL 语句如下所示：

```
ALTER TABLE user DROP nativePlace
```

（3）修改表中列的数据类型。

其基本语法格式如下：

```
ALTER [IGNORE] TABLE 表名
MODIFY [COLUMN] 列定义 [FIRST|AFTER 列名]     /*修改列的数据类型*/
```

示例 4-6　修改数据库 gdci 中的工作人员表 user，将"姓名"（userName）列的数据类型修改为 VARCHAR(12)。

输入的 SQL 语句如下所示：

```
ALTER TABLE user
MODIFY userName VARCHAR(12);
```

（4）为表中的列重命名。

其基本语法格式如下：

```
ALTER [IGNORE]TABLE 表名
CHANGE [COLUMN] 旧列名 列定义 [FIRST|AFTER 列名]     /*对列重命名*/
```

示例 4-7　修改数据库 gdci 中的工作人员表 user，将"职称"字段的名称 fkTitle 修改为 title。

输入的 SQL 语句如下所示：

```
ALTER TABLE user
CHANGE COLUMN fkTitle title VARCHAR(10)
```

（5）修改表名。

可以直接使用 RENAME TABLE 语句来更改表的名称，基本语法格式如下：

```
RENAME TABLE 旧表名1 TO 新表名1[,旧表名2 TO 新表名2]...
```

示例 4-8　将数据库 gdci 中的工作人员表 user 重命名为 user_new。

输入的 SQL 语句如下所示：

```
RENAME TABLE user TO user_new;
```

5. 删除数据表

可以使用 DROP TABLE 语句删除数据表，基本语法格式如下：

```
DROP TABLE [IF EXISTS] 表名1,表名2...
```

需要说明以下几点。

- 表名 1，表名 2…：表示要被删除的数据表的名称。使用 DROP TABLE 语句可以同时删除多个表，只要将表名依次写在后面，相互之间用逗号隔开即可。
- IF EXISTS：用于在删除数据表之前判断该表是否存在。如果不使用 IF EXISTS，那么当数据表不存在时 MySQL 将提示错误，中断 SQL 语句的执行；如果使用 IF EXISTS，那么当数据表不存在时 SQL 语句可以顺利执行，但是会发出警告（warning）。

示例 4-9　删除数据库 gdci 中的工作人员表 user。

输入的 SQL 语句如下所示：

```
DROP TABLE user;
```

【任务实施】

根据粤文创项目的数据库 gdci 设计数据表。将地区表的表名定义为 area，详细设计如表 4-6 所示。

表 4-6　地区表 area

字段名	数据类型	是否为空	说明
areaNumber	CHAR(6)	NOT NULL	地区编号
chineseName	VARCHAR(10)	NOT NULL	中文名
foreignName	VARCHAR(40)	NULL	外文名
alias	VARCHAR(40)	NULL	别名
geographicalPosition	VARCHAR(40)	NULL	地理位置
area	DECIMAL(9,2)	NOT NULL	面积
populationSize	INT	NOT NULL	人口数量
areaCode	CHAR(4)	NOT NULL	电话区号
licensePlateCode	CHAR(4)	NOT NULL	车牌代码

将民俗表定义为 folk，详细设计如表 4-7 所示。

表 4-7　民俗表 folk

字段名	数据类型	是否为空	说明
id	INT	NOT NULL	记录编号
fkAreaNumber	CHAR(6)	NOT NULL	地区编号
folkName	VARCHAR(30)	NOT NULL	民俗名称
folkIntroduction	VARCHAR(1000)	NULL	民俗介绍

将名人表定义为 celebrity，详细设计如表 4-8 所示。

表 4-8　名人表 celebrity

字段名	数据类型	是否为空	说明
id	INT	NOT NULL	记录编号
fkAreaNumber	CHAR(6)	NOT NULL	地区编号
celebrityName	VARCHAR(8)	NOT NULL	姓名
profile	VARCHAR(1000)	NULL	人物简介

将荣誉表定义为 honor，详细设计如表 4-9 所示。

表 4-9　荣誉表 honor

字段名	数据类型	是否为空	说明
id	INT	NOT NULL	记录编号
fkAreaNumber	CHAR(6)	NOT NULL	地区编号
honoraryTitle	VARCHAR(200)	NOT NULL	荣誉称号

将工作人员表定义为 user，详细设计如表 4-10 所示。

表 4-10　工作人员表 user

字段名	数据类型	是否为空	说明
userId	SMALLINT	NOT NULL	工号
userName	VARCHAR(8)	NOT NULL	姓名
fkTitle	VARCHAR(10)	NOT NULL	职称
gender	VARCHAR(2)	NOT NULL	性别
nation	VARCHAR(10)	NULL	民族
birthday	DATE	NULL	出生日期
nativePlace	VARCHAR(10)	NULL	籍贯
phone	VARCHAR(13)	NOT NULL	手机号

将工作计划表定义为 plan，详细设计如表 4-11 所示。

表 4-11　工作计划表 plan

字段名	数据类型	是否为空	说明
planId	INT	NOT NULL	计划编号
planName	VARCHAR(60)	NOT NULL	计划名称
planMaker	SMALLINT	NOT NULL	制订者工号
releaseTime	DATE	NOT NULL	发布时间
planReviewer	SMALLINT	NOT NULL	审核者工号
auditTime	DATE	NULL	审核时间
startTime	DATE	NULL	计划开始时间

续表

字段名	数据类型	是否为空	说明
endTime	DATE	NULL	计划结束时间
planContent	VARCHAR(1000)	NOT NULL	计划内容

将工作计划参与人员表定义为 participant，详细设计如表 4-12 所示。

表 4-12　工作计划参与人员表 participant

字段名	数据类型	是否为空	说明
id	INT	NOT NULL	记录编号
planId	INT	NOT NULL	计划编号
userId	SMALLINT	NOT NULL	工号
duty	VARCHAR(1000)	NOT NULL	工作职责
requirement	VARCHAR(1000)	NULL	工作要求
remarks	VARCHAR(500)	NULL	备注

将工作计划项目表定义为 planforproject，详细设计如表 4-13 所示。

表 4-13　工作计划项目表 planforproject

字段名	数据类型	是否为空	说明
id	INT	NOT NULL	记录编号
planId	INT	NOT NULL	计划编号
projectId	INT	NOT NULL	民俗记录编号、名人记录编号或荣誉记录编号
type	INT	NOT NULL	0 表示民俗类型，1 表示名人类型，2 表示城市荣誉
remarks	VARCHAR(500)	NULL	备注

任务 4-7　使用 SQL 语句在数据库 gdci 中创建地区表 area。

输入的 SQL 语句如下所示：

```
CREATE TABLE area(
  areaNumber CHAR(6) NOT NULL,
  chineseName VARCHAR(10) NOT NULL,
  foreignName VARCHAR(40) NULL,
  alias VARCHAR(40) NULL,
  geographicalPosition VARCHAR(40) NULL,
  area DECIMAL(9,2) NOT NULL,
  populationSize INT NOT NULL,
  areaCode CHAR(4) NOT NULL,
  licensePlateCode CHAR(4) NOT NULL
) ENGINE=InnoDB DEFAULT CHARSET=utf8mb3 COLLATE=utf8mb3_general_ci;
```

任务 4-8　使用 SQL 语句在数据库 gdci 中创建民俗表 folk。

输入的 SQL 语句如下所示：

```
CREATE TABLE folk (
  id INT NOT NULL,
  fkAreaNumber CHAR(6) NOT NULL,
  folkName VARCHAR(30) NOT NULL,
  folkIntroduction VARCHAR(1000) NULL
) ENGINE = InnoDB CHARACTER SET = utf8mb3 COLLATE =utf8mb3_general_ci;
```

任务 4-9　使用 SQL 语句在数据库 gdci 中创建名人表 celebrity。

输入的 SQL 语句如下所示：

```
CREATE TABLE celebrity (
  id INT NOT NULL,
  fkAreaNumber CHAR(6) NOT NULL,
  celebrityName VARCHAR(8) NOT NULL,
  profile VARCHAR(1000) NULL
) ENGINE = InnoDB CHARACTER SET = utf8mb3 COLLATE =utf8mb3_general_ci;
```

任务 4-10　使用 SQL 语句在数据库 gdci 中创建荣誉表 honor。

输入的 SQL 语句如下所示：

```
CREATE TABLE honor (
  id INT NOT NULL,
  fkAreaNumber CHAR(6) NOT NULL,
  honoraryTitle VARCHAR(200) NOT NULL
) ENGINE = InnoDB CHARACTER SET = utf8mb3 COLLATE = utf8mb3_general_ci;
```

任务 4-11　使用 SQL 语句在数据库 gdci 中创建工作人员表 user。

输入的 SQL 语句如下所示：

```
CREATE TABLE user (
  userId SMALLINT NOT NULL,
  userName VARCHAR(8) NULL,
  fkTitle VARCHAR(10) NULL,
  gender VARCHAR(2) NULL,
  nation VARCHAR(10) NULL,
  birthday DATE NULL,
  nativePlace VARCHAR(10) NULL,
  phone VARCHAR(13) NULL
) ENGINE = InnoDB CHARACTER SET = utf8mb3 COLLATE=utf8mb3_general_ci;
```

任务 4-12　使用 SQL 语句在数据库 gdci 中创建工作计划表 plan。

输入的 SQL 语句如下所示：

```
CREATE TABLE plan (
  planId INT NOT NULL,
```

```
planName VARCHAR(60) NOT NULL,
planMaker SMALLINT NOT NULL,
releaseTime DATE NOT NULL,
planReviewer SMALLINT NOT NULL,
auditTime DATE NULL,
startTime DATE NULL,
endTime DATE NULL,
planContent VARCHAR(1000) NULL
) ENGINE = InnoDB CHARACTER SET = utf8mb3 COLLATE =utf8mb3_general_ci;
```

任务 4-13　使用 SQL 语句在数据库 gdci 中创建工作计划参与人员表 participant。

输入的 SQL 语句如下所示：

```
CREATE TABLE participant (
id INT NOT NULL,
planId INT NOT NULL,
userId SMALLINT(0) NOT NULL,
duty VARCHAR(1000) NOT NULL,
requirement VARCHAR(1000) NULL,
remarks VARCHAR(500) NULL
) ENGINE = InnoDB CHARACTER SET = utf8mb3 COLLATE =utf8mb3_general_ci;
```

任务 4-14　使用 SQL 语句在数据库 gdci 中创建工作计划项目表 planforproject。

输入的 SQL 语句如下所示：

```
CREATE TABLE planforproject (
id INT NOT NULL,
planId INT NOT NULL,
projectId INT NOT NULL,
type INT NOT NULL,
remarks VARCHAR(500) NULL
) ENGINE = InnoDB CHARACTER SET = utf8mb3 COLLATE =utf8mb3_general_ci;
```

拓展任务 4-4　在数据库 gdci 中，采用复制的方式先创建一个名称为 area_copy1 的表，表结构直接取自地区表 area；再创建一个名称为 area_copy2 的表，其结构和内容（数据）都取自地区表 area。

分析：当需要建立的数据表与已有数据表的结构相同时，可以采用复制表的方法复制现有数据表的结构，也可以复制表的结构和数据。其基本语法格式如下：

```
CREATE TABLE [IF NOT EXISTS] 新表名
[LIKE 参照表名]
|[AS (SELECT 语句)]
```

需要说明以下几点。

● 使用 LIKE 关键字创建一个与参照表名结构相同的新表，复制列名、数据类型和索引，但是不会复制表的内容，因此创建的新表是一个空表。

- 使用 AS 关键字可以复制表的内容，但是不会复制索引和完整性约束。SELECT 语句表示一个表达式，也可以是一条 SELECT 语句。

（1）创建数据表 area_copy1：

```
CREATE TABLE area_copy1 LIKE area;
```

（2）创建数据表 area_copy2：

```
CREATE TABLE area_copy2 AS(SELECT * FROM area);
```

拓展任务 4-5　使用 Navicat 在数据库 gdci_backup 中创建工作人员表 user01。

（1）打开 Navicat，连接 MySQL 服务器，打开"Navicat for MySQL"窗口，展开左侧"连接"框中的连接名，双击要操作的数据库 gdci_backup，如果该数据库已经被删除，那么先新建一个同名数据库 gdci_backup，再单击工具栏中的"查询"图标，并选择"新建查询"选项，打开查询编辑器界面，如图 4-11 所示，在查询编辑器下方的编辑区域输入如下 SQL语句：

```
CREATE TABLE user01 (
  userId SMALLINT(0) NOT NULL,
  userName VARCHAR(8) NULL,
  fkTitle VARCHAR(10) NULL,
  gender VARCHAR(2) NULL,
  nation VARCHAR(10) NULL,
  birthday DATE NULL,
  nativePlace VARCHAR(10) NULL,
  phone VARCHAR(13) NULL
) ENGINE = InnoDB CHARSET = utf8mb3 COLLATE = utf8mb3_general_ci;
```

图 4-11　创建工作人员表 user01 的查询编辑器界面

（2）单击"运行"图标，查询结果如图 4-12 所示。

（3）返回"Navicat for MySQL"窗口，选中数据库 gdci_backup 中的表并右击，在弹出的快捷菜单中选择"刷新"命令，在"连接"框右侧的空白区域会出现工作人员表 user01，表示完成数据表的创建，如图 4-13 所示。

```
1  CREATE TABLE user01 (
2    userId SMALLINT(0) NOT NULL,
3    userName VARCHAR(8) NULL,
4    fkTitle VARCHAR(10) NULL,
5    gender VARCHAR(2) NULL,
6    nation VARCHAR(10) NULL,
7    birthday DATE NULL,
8  nativePlace VARCHAR(10) NULL,
9    phone VARCHAR(13) NULL
10    ) ENGINE = InnoDB CHARSET = utf8mb3 COLLATE = utf8mb3_general_ci;
```

信息　剖析　状态

```
CREATE TABLE user01 (
  userId SMALLINT(0) NOT NULL,
  userName VARCHAR(8) NULL,
  fkTitle VARCHAR(10) NULL,
  gender VARCHAR(2) NULL,
  nation VARCHAR(10) NULL,
  birthday DATE NULL,
nativePlace VARCHAR(10) NULL,
phone VARCHAR(13) NULL
 ) ENGINE = InnoDB CHARSET = utf8mb3 COLLATE = utf8mb3_general_ci
> OK
> 时间: 0.031s
```

图 4-12　查询结果

图 4-13　创建的工作人员表 user01

任务 3　备份和还原数据库

【任务分析】

在数据库的操作过程中，尽管系统采用了各种措施来保证数据库的安全性和完整性，但仍然经常遇到人为破坏、硬件故障、病毒入侵和用户误操作等问题。这些问题会影响数据的正确性，甚至会破坏数据库，使数据库中的数据部分或全部丢失。因此，为了有效防止数据丢失，保证数据的安全，对数据库进行备份是最简单的保护数据的方法。在意外情况发生时，能够尽量减少损失。

小王对粤文创项目进行分析后得到的任务清单如下。

任务编号	任务内容
任务 4-15	使用 mysqldump 命令实现数据库 gdci 的备份，并且备份到 E:\backup 路径下，备份文件的名称为 gdci_backup.sql
任务 4-16	使用 mysqldump 命令实现数据库 gdci 中工作人员表 user 和地区表 area 的备份，并且备份到 E:\backup 路径下，备份文件的名称为 gdci_user_area_backup.sql
任务 4-17	使用 mysqldump 命令实现数据库 gdci 和数据库 mysql 的备份，并且备份到 E:\backup 路径下，备份文件的名称为 gdci_mysql_backup.sql
任务 4-18	使用 mysqldump 命令实现本地服务器所有数据库的备份，并且备份到 E:\backup 路径下，备份文件的名称为 all_backup.sql
任务 4-19	使用 SELECT...INTO OUTFILE 语句导出数据库 gdci 中工作人员表 user 的数据，并且备份到 E:\backup 路径下，备份文件的名称为 gdci_user_data.txt

续表

任务编号	任务内容
任务 4-20	使用 SELECT...INTO OUTFILE 语句实现数据库 gdci 中工作人员表数据的导出，将该数据备份到 D:\ProgramData\MySQL\MySQL Server 8.0\Uploads 路径下，备份文件的名称为 gdci_user01_data.txt
任务 4-21	使用 MySQL 语句实现 E:\backup\gdci_backup.sql 文件的还原，还原的数据库的名称为 gdci_new
任务 4-22	使用 LOAD DATA INFILE 语句实现 D:\ProgramData\MySQL\MySQL Server 8.0\Uploads\gdci_user_data.txt 文件的还原，将该文件内的数据恢复到数据库 gdci_new 的 user_new 表中
任务 4-23	使用 LOAD DATA INFILE 语句实现 D:\ProgramData\MySQL\MySQL Server 8.0\Uploads\gdci_user01_data.txt 文件的还原，将该文件内的数据恢复到数据库 gdci_new 的 user_new01 表中
拓展任务 4-6	使用 Navicat 恢复数据

 【知识储备】

备份数据库是数据库维护中常见的操作，当数据库发生故障时可以通过备份数据文件来恢复数据。数据库备份常见的应用场景如下。

（1）人为操作失误造成某些数据被误操作。

（2）软件 Bug 造成部分数据或全部数据丢失。

（3）硬件故障造成数据库部分数据或全部数据丢失。

（4）安全漏洞被入侵，造成数据被恶意破坏。

1. 使用 mysqldump 命令备份数据

mysqldump 是 MySQL 提供的客户端命令。使用 mysqldump 命令可以将数据库中的数据备份成一个文本文件，数据表的结构和数据将存储在生成的文本文件中。该文本文件实际上包含多条 CREATE 语句和 INSERT 语句，使用这些语句可以重新创建数据表和插入数据。

1）使用 mysqldump 命令备份一个数据库或指定表

其基本语法格式如下：

```
mysqldump -u user -h host -ppassword db [tb1,[tb2,...]]>filename
```

需要说明以下几点。

- -u 选项后面的 user 表示用户名；-h 选项后面的 host 表示主机名；-p 选项后面的 password 表示用户密码，-p 选项和用户密码之间不能有空格。如果是本地 MySQL 服务器，那么-h 选项可以省略。
- db 表示需要备份的数据库名，tb1 和 tb2 表示该数据库需要备份的表，可以选择多个表进行备份，数据库名与表名之间都用空格隔开。如果要备份整个数据库，那么可以省略表名。
- ">"表示要将备份的数据库或表写入备份文件中。
- filename 表示备份文件的名称，一般使用.sql 作为文件后缀名，如果需要保存在指定

路径下,那么在这里可以指定具体路径。在该路径下不能有同名的文件,否则新的
备份文件会覆盖原来的文件。

2)使用 mysqldump 命令备份多个数据库

其基本语法格式如下:

```
mysqldump -u user -h host -p password --databases db1 [db2,db3...]>filename
```

需要说明以下几点。

- --databases 表示要备份多个数据库,后面至少要指定一个数据库的名称,多个数据
  库用空格隔开。
- db1、db2 和 db3 表示要备份的多个数据库的名称。

3)使用 mysqldump 命令备份所有数据库

其基本语法格式如下:

```
mysqldump -u user -h host -p password --all-databases>filename
```

说明: --all-databases 表示要备份数据库服务器中的所有数据库。

2. 使用 MySQL 语句备份数据

在 MySQL 中,可以使用 SELECT...INTO OUTFILE 语句把表数据导出到一个文本文
件中,基本语法格式如下:

```
SELECT [file_name] FROM table_name [WHERE condition]
INTO OUTFILE 'filename'[OPTION]
```

需要说明以下几点。

- SELECT [file_name] FROM table_name [WHERE condition]是普通的查询语句,查询
  的结果是要导出的数据。
- filename 表示查询到的数据要导出到的文本文件的名称。
- OPTION 表示设置相应的选项,决定数据行在文本文件中存储的格式,可以是下列
  值中的任意一个。
  - field terminated by'string':用来设置字段的分隔符为字符串对象(string),默认为
    "\t"。
  - lines starting by'string':用来设置每行开始的字符串符号,默认不使用任何字符。
  - lines terminated by'string':用来设置每行结束的字符串符号,默认为 "\n"。
  - fields enclosed by'char':用来设置使用字符将导出的字段值括起来,默认不使用任
    何字符。
  - fields optionally enclosed by'char':用来设置使用字符将导出的 CHAR、VARCHAR
    和 TEXT 等字段值用双引号引起来,默认不使用任何字符。

> ➢ fields escaped by'char'：用来设置转义字符的字符符号，默认使用 "\"。

在 MySQL 中，还可以使用 MySQL 语句把表数据导出到一个文本文件中，这与使用 SELECT...INTO OUTFILE 语句导出表数据的效果是一样的。

其基本语法格式如下：

```
mysql -u user -h host -p password -e
"SELECT [file_name] FROM table_name [WHERE condition]"db>filename
```

需要说明以下几点。

- -e：表示执行后面的查询语句。
- db：表示查询表数据所在的数据库。

3. 使用 MySQL 语句还原数据

还原备份后的文件需要使用 MySQL 语句，语法格式如下：

```
mysql -u root -pPassword [db]<filename
```

需要说明以下几点。

- db：表示要还原的数据库名，为可选项，可以指定数据库名，也可以不指定。如果是使用--all-databases 参数备份所有数据库的，那么在还原时不需要指定数据库；如果指定了数据库，那么需要先创建数据库。
- <：表示要还原数据。
- filename：表示之前备份的文本文件。

4. 使用 LOAD DATA...INFILE 语句还原数据

在 MySQL 中，可以通过 LOAD DATA...INFILE 语句将文本文件内的数据还原到数据库的数据表中，基本语法格式如下：

```
LOAD DATA[LOCAL] INFILE filename INTO TABLE tb [option];
```

需要说明以下几点。

- LOCAL：表示指定在本地计算机中查找文本文件。
- filename：表示之前备份的文本文件的路径和名称。
- tb：表示要还原的表。

【任务实施】

任务 4-15　使用 mysqldump 命令实现数据库 gdci 的备份，并且备份到 E:\backup 路径下，备份文件的名称为 gdci_backup.sql。

输入如下命令，如图 4-14 所示，即可实现数据库 gdci 的备份：

```
mysqldump -u root -p gdci>e:\backup\gdci_backup.sql
```

图 4-14　备份数据库 gdci

任务 4-16　使用 mysqldump 命令实现数据库 gdci 中工作人员表 user 和地区表 area 的备份，并且备份到 E:\backup 路径下，备份文件的名称为 gdci_user_area_backup.sql。

输入如下命令，如图 4-15 所示：

```
mysqldump -u root -p gdci user area>e:\backup\gdci_user_area_backup.sql
```

图 4-15　备份数据库 gdci 中的工作人员表 user 和地区表 area

任务 4-17　使用 mysqldump 命令实现数据库 gdci 和数据库 mysql 的备份，并且备份到 E:\backup 路径下，备份文件的名称为 gdci_mysql_backup.sql。

输入如下命令，如图 4-16 所示：

```
mysqldump -u root -p --databases gdci mysql>e:\backup\gdci_mysql_backup.sql
```

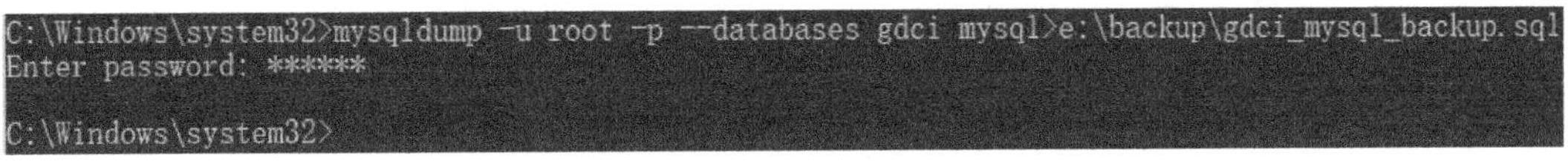

图 4-16　备份数据库 gdci 和数据库 mysql

任务 4-18　使用 mysqldump 命令实现本地服务器所有数据库的备份，并且备份到 E:\backup 路径下，备份文件的名称为 all_backup.sql。

输入如下命令，如图 4-17 所示：

```
mysqldump -u root -p --all-databases>e:\backup\all_backup.sql
```

图 4-17　备份本地服务器的所有数据库

任务 4-19　使用 SELECT...INTO OUTFILE 语句导出数据库 gdci 中工作人员表 user 的数据，并且备份到 E:\backup 路径下，备份文件的名称为 gdci_user_data.txt。

当输入如下 SQL 语句实现数据备份时会报错，如图 4-18 所示：

```
SELECT * FROM user INTO OUTFILE 'E:/backup/gdci_user_data.txt';
```

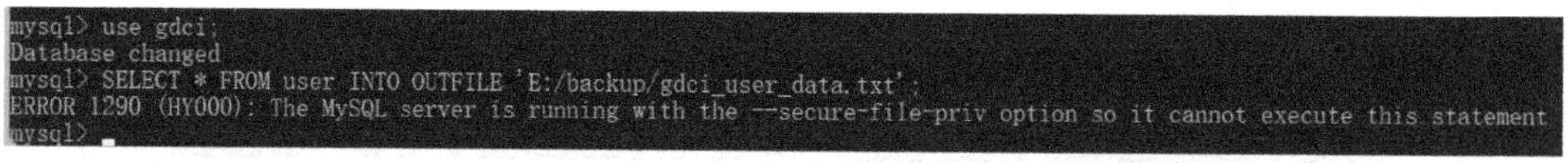

图 4-18　使用 SELECT...INTO OUTFILE 语句备份数据库报错

报错的原因是 MySQL 默认对导出的目录有权限限制，也就是说，使用命令行进行数据导出时需要指定目录。查询 MySQL 的 secure_file_priv 值的配置，如图 4-19 所示：

```
SHOW GLOBAL VARIABLES LIKE '%secure%';
```

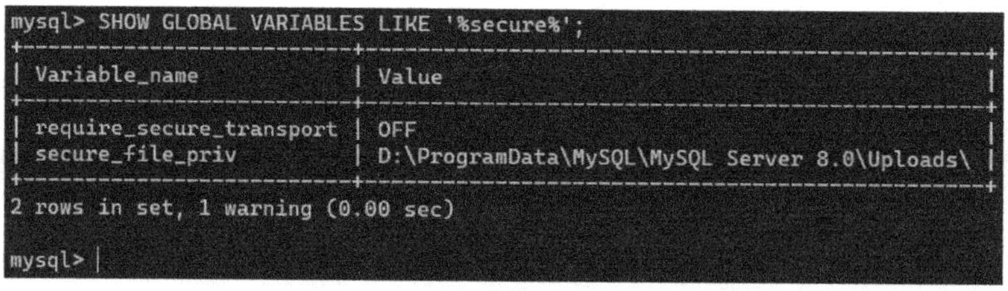

图 4-19　查询 MySQL 的 secure_file_priv 值的配置

将备份文件备份到指定目录下，如图 4-20 所示：

```
SELECT * FROM user INTO OUTFILE 'D:/ProgramData/MySQL/MySQL Server 8.0/Uploads/
gdci_user_data.txt';
```

图 4-20　将备份文件备份到指定目录下

如果要更改指定目录，就需要找到配置文件 my.ini，MySQL 8.0 的配置文件默认在 D:\ProgramData\MySQL\MySQL Server 8.0 路径下，不同版本的配置文件的保存位置有所不同。

任务 4-20　使用 SELECT...INTO OUTFILE 语句实现数据库 gdci 中工作人员表数据的导出，将该数据备份到 D:\ProgramData\MySQL\MySQL Server 8.0\Uploads 路径下，备份文件的名称为 gdci_user01_data.txt。

要求字段值之间的分隔符为 "，"，若是字符或字符串，则用双引号引起来，每行的开始处使用字符 ">"，如图 4-21 所示：

```
SELECT * FROM user INTO OUTFILE 'D:/ProgramData/MySQL/MySQL Server 8.0/Uploads/
gdci_user01_data.txt'
CHARACTER SET gbk
FIELDS
TERMINATED BY ','
OPTIONALLY ENCLOSED BY '\"'
LINES
```

```
STARTING BY '\>'
TERMINATED BY '\r\n';
```

```
mysql> SELECT * FROM user INTO OUTFILE 'D:/ProgramData/MySQL/MySQL Server 8.0/Uploads/gdci_user01_data.txt
    -> CHARACTER SET gbk
    -> FIELDS
    -> TERMINATED BY ','
    -> OPTIONALLY ENCLOSED BY '\"'
    -> LINES
    -> STARTING BY '\>'
    -> TERMINATED BY '\r\n';
Query OK, 5 rows affected (0.02 sec)
```

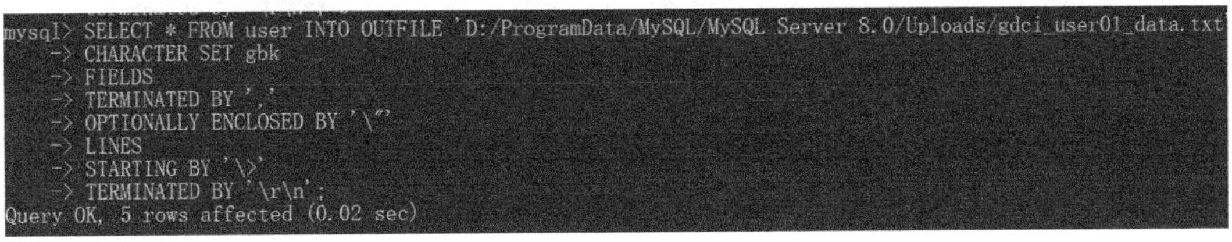

图 4-21　按格式备份工作人员表 user

- FIELDS 子句和 LINES 子句都是自选的，但是如果两个子句已被指定，那么 FIELDS 子句必须位于 LINES 子句的前面。
- 当多个 FIELDS 子句排列在一起时，后面的 FIELDS 必须省略；同样，当多个 LINES 子句排列在一起时，后面的 LINES 也必须省略。
- "TERMINATED BY '\r\n';" 可以保证每条记录占一行。因为在 Window 操作系统下 "\r\n" 才是回车换行，如果不加这个选项，那么默认为 "\n"。
- 如果数据表中包含中文字符，使用上面的语句就会输出乱码。此时，加入 CHARCTER SET gbk 语句即可解决这个问题。导出的数据如图 4-22 所示。

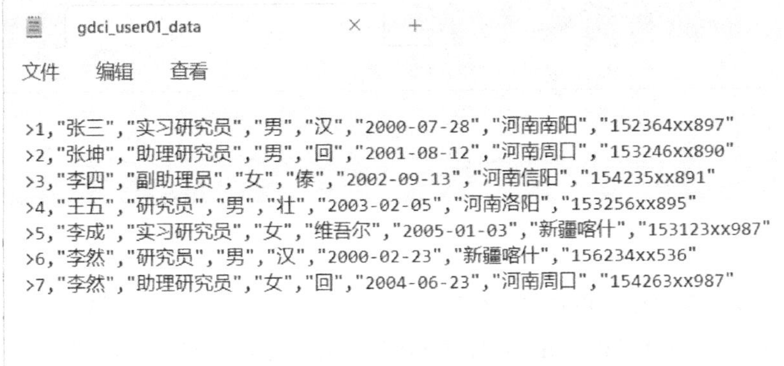

图 4-22　导出的数据

任务 4-21　使用 MySQL 语句实现 E:\backup\gdci_backup.sql 文件的还原，还原的数据库的名称为 gdci_new。

```
CREATE DATABASE gdci_new;
mysql -u root -p gdci_new <e:\backup\gdci_backup.sql
```

（1）创建数据库 gdci_new，如图 4-23 所示。

（2）重新打开 DOS 命令行窗口，进入 MySQL 安装路径的 bin 目录下，输入如图 4-24 所示的命令，还原数据库。

图 4-23　创建数据库 gdci_new

图 4-24　还原数据库

任务 4-22　使用 LOAD DATA INFILE 语句实现 D:\ProgramData\MySQL\MySQL Server 8.0\Uploads\gdci_user_data.txt 文件的还原，将该文件内的数据恢复到数据库 gdci_new 的 user_new 表中。

输入的 SQL 语句如下所示（见图 4-25）：

```
LOAD DATA INFILE 'D:/ProgramData/MySQL/MySQL Server 8.0/Uploads/gdci_user_data.txt'
INTO TABLE user_new;
```

图 4-25　还原数据

- 先进入命令提示行，再使用 USE gdci_new 语句进入 gdci_new 数据库。

- 使用 CREATE TABLE IF NOT EXISTS user_new LIKE user 语句复制一个新表 user_new，该表的结构来源于工作人员表 user，但是没有数据，可以通过 SELECT * FROM user_new 语句查看。

- 输入"LOAD DATA INFILE 'D:\ProgramData\MySQL\MySQL Server 8.0\Uploads\gdci_user_data.txt' INTO TABLE user_new;"会报错，在 UNIX/Linux 操作系统中，路径的分隔采用正斜杠"/"，如 E:/backup；而在 Windows 操作系统中，路径的分隔采用反斜杠"\"，如 E:\backup，但是在命令提示符界面（DOS 界面）中无法识别反斜杠，要么使用转义字符，如 E:\\backup，要么直接改成正斜杠"/"，如 E:/backup。所以，可以通过"LOAD DATA INFILE 'D:/ProgramData/MySQL/MySQL Server 8.0/Uploads/gdci_user_data.txt' INTO TABLE user_new;"来恢复数据，也可以通过"LOAD DATA INFILE 'D:\\ProgramData\\MySQL\\ MySQL Server 8.0\\Uploads\\ gdci_user_data.txt' INTO TABLE user_new;"来恢复数据。

任务 4-23　使用 LOAD DATA INFILE 语句实现 D:\ProgramData\MySQL\MySQL Server 8.0\Uploads\gdci_user01_data.txt 文件的还原，将该文件内的数据恢复到数据库 gdci_new 的 user_new01 表中。

输入的 SQL 语句如下所示（见图 4-26）：

```
LOAD DATA INFILE 'D:/ProgramData/MySQL/MySQL Server 8.0/Uploads/gdci_user01_data.txt'
INTO TABLE user_new01
CHARACTER SET gbk
FIELDS
TERMINATED BY ','
OPTIONALLY ENCLOSED BY '\"'
LINES
STARTING BY '\>'
TERMINATED BY '\r\n';
```

图 4-26　恢复有格式的数据

拓展任务 4-6　使用 Navicat 恢复数据。

方式 1：通过备份文件恢复数据。

具体步骤如下。

（1）打开 Navicat，连接 MySQL 服务器。

（2）新建一个数据库 gdci_new01，打开该数据库，选中"gdci_new01"→"备份"选项，右击"备份"，在弹出的快捷菜单中选择"还原备份从"命令（或者单击工具栏中的"还原备份"图标），如图 4-27 所示，在"打开"对话框中找到对应的备份文件（.nb3 文件），如图 4-28 所示。

图 4-27　选择"还原备份从"命令

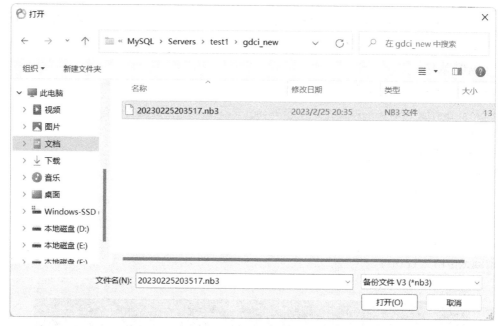

图 4-28　"打开"对话框

（3）单击"打开"按钮，打开"还原备份"窗口，如图 4-29 所示。在该窗口中，切换至"对象选择"选项卡，选择要恢复的数据库对象（此过程与备份过程相同）。在"高级"选项卡中设置服务器选项和对象选项，如图 4-30 所示。

图 4-29　"还原备份"窗口

图 4-30　"高级"选项卡

（4）单击"还原"按钮，弹出警告提示框，如图 4-31 所示。单击"确定"按钮，随即开始还原数据，显示的信息日志如图 4-32 所示。

图 4-31　警告提示框

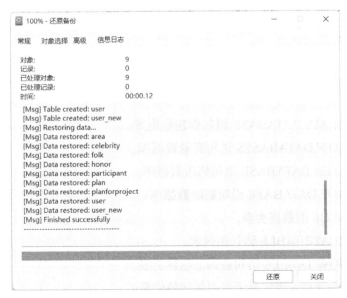

图 4-32　显示的信息日志

（5）单击"关闭"按钮，完成数据恢复，打开数据库 gdci_new01 即可看到备份的所有表。

方式 2：通过 SQL 文件恢复数据。

具体步骤如下。

（1）打开 Navicat，连接 MySQL 服务器，新建一个数据库 gdci_new02。

（2）右击数据库 gdci_new02，在弹出的快捷菜单中选择"运行 SQL 文件"命令，如图 4-33 所示，打开"运行 SQL 文件"窗口，将"文件"设置为之前备份的后缀为.sql 的文件，如图 4-34 所示。

图 4-33　选择"运行 SQL 文件"命令　　　　图 4-34　　"运行 SQL 文件"窗口

（3）单击"开始"按钮，实现数据库的还原，在数据库 gdci_new02 中可以看到还原的表。

巩固与小结

（1）使用 CREATE DATABASE 语句创建数据库。

（2）使用 SHOW DATABASES 语句查看数据库。

（3）使用 ALTER DATABASE 语句修改数据库。

（4）使用 DROP DATABASE 语句删除数据库。

（5）理解 MySQL 的数据类型。

（6）使用 CREATE TABLE 语句创建表。

（7）使用 SHOW TABLES 语句查询已创建的表。

（8）使用 DESCRIBE 语句显示表中各列的信息。

（9）使用 ALTER TABLE 语句修改表。

（10）使用 DROP TABLE 语句删除表。

（11）使用 mysqldump 命令备份数据库及数据。

（12）使用 SELECT...INTO OUTFILE 语句不仅可以备份数据表数据，还可以设置格式。

（13）使用 MySQL 语句备份数据表。

（14）使用 MySQL 语句还原数据。

（15）使用 LOAD DATA...INFILE 语句还原数据。

（16）使用 Navicat 备份和还原数据。

任务训练

【训练目的】

（1）掌握使用 SQL 语句创建数据库。

（2）掌握使用 SQL 语句管理数据库。

（3）掌握 MySQL 的数据类型

（4）掌握使用 SQL 语句创建数据表。

（5）掌握使用 SQL 语句管理数据表。

（6）掌握 MySQL 的备份操作。

（7）掌握 MySQL 的恢复操作。

【任务清单】

（1）创建一个点餐系统数据库和备份数据库，两个数据库的名称分别为 gkeodm 和 gkeodm_backup，默认字符集为 UTF8，校对规则为 utf8_general_ci。

修改数据库 gkeodm，设置默认字符集为 gb2312，校对规则为 gb2312_general_ci。

（2）查看所有数据库。

（3）删除数据库 gkeodm_backup。

（4）根据点餐系统数据库的关系模式与 E-R 图可知，用户表、餐桌表、菜品分类表、菜品表、订单表和订单详情表的名称分别是 gkeodm_user、gkeodm_table、gkeodm_category、gkeodm_food、gkeodm_order 和 gkeodm_orderDetail，各个数据表的结构如表 4-14～表 4-19 所示。

表 4-14　用户表 gkeodm_user

字段名	类型	描述
userId	BIGINT(20)	主键，用户编号
userName	VARCHAR(30)	用户名
password	VARCHAR(100)	登录密码

87

字段名	类型	描述
userType	INT(11)	用户类型，0 表示普通用户，1 表示管理员
lastLoginTime	BIGINT(20)	最后登录时间（毫秒）
enabled	INT(11)	是否禁用，0 表示可用，1 表示禁用

表 4-15　餐桌表 gkeodm_table

字段名	类型	描述
id	BIGINT(20)	主键，编号
tableName	VARCHAR(20)	餐桌名称
capacity	INT(11)	容纳人数

表 4-16　菜品分类表 gkeodm_category

字段名	类型	描述
id	BIGINT(20)	主键，分类编号
name	VARCHAR(30)	分类名称，唯一索引
createDate	DATE	分类创建时间
userId	BIGINT(20)	创建人编号，外键
pic	VARCHAR(100)	图标地址

表 4-17　菜品表 gkeodm_food

字段名	类型	描述
id	BIGINT(20)	主键，菜品编号
name	VARCHAR(30)	菜品名称，唯一索引
label	INT	菜品标签，1 表示健身，2 表示减肥，3 表示补肾，4 表示去火，5 表示活血，6 表示补水
description	VARCHAR(255)	菜品详情描述（不超 200 字）
createDate	DATE	菜品创建时间
userId	BIGINT(20)	创建人编号，外键
deleted	INT(11)	删除标识，0 表示可用，1 表示已删除
categoryId	BIGINT(20)	所属分类编号，外键
pic	VARCHAR(100)	菜品图片地址
price	INT(11)	菜品价格

表 4-18　订单表 gkeodm_order

字段名	类型	描述
id	BIGINT(20)	主键，订单编号
tableNum	INT(11)	餐桌序号，外键
createDate	DATE	订单创建时间
userId	BIGINT(20)	创建人编号，外键

续表

字段名	类型	描述
diner	VARCHAR(10)	订餐人
tel	VARCHAR(20)	联系电话
dinnerTime	VARCHAR(20)	用餐时间
price	INT(11)	订单总价，计算列
status	INT(11)	订单状态，0 表示待付款，1 表示已付款，2 表示已取消

表 4-19 订单详情表 gkeodm_orderDetail

字段名	类型	描述
id	BIGINT(20)	主键，编号
orderId	BIGINT(20)	订单编号，外键
foodId	BIGINT(20)	菜品编号，外键
num	INT(11)	菜品数量

- 使用 SQL 语句完成用户表的创建。
- 显示用户表的结构。
- 复制用户表，复制的用户表的名称为 gkeodm_user_copy。
- 将复制的用户表重命名，名称改为 gkeodm_user_new。
- 删除重命名的用户表 gkeodm_user_new。

（5）使用 mysqldump 命令将数据库 gkeodm 备份到 E:\backup\gkeodm_backup.sql 文件中。

（6）使用 mysqldump 命令将数据库 gkeodm 内的用户表和餐桌表备份到 E:\backup\gkeodm_user_table_data.sql 文件中。

（7）使用 mysqldump 命令将数据库 gkeodm 内的全部表及数据备份到 E:\backup\gkeodm_all_backup.sql 文件中。

（8）先删除用户表中的全部数据，再使用 MySQL 语句还原 gkeodm_backup.sql 文件中的数据，并查看数据。

习题

一、选择题

1. 在 MySQL 中，用于创建数据库的是（   ）语句。

A. CREATE   B. UPDATE   C. INSERT   D. ALTER

2. 在 MySQL 中，通常使用（   ）语句来指定一个已有数据库作为当前工作的数据库。

A. DO   B. GO   C. USES   D. USE

3．在创建数据库时，可以使用（　　）子句来确保如果数据库不存在就创建，如果存在就直接使用。

    A．IF EXISTS　　　　B．IF EXIST　　　　　C．IF NOT EXIST　　D．IF NOT EXISTS

4．数据库系统一般包括数据和（　　）。

    A．数据库和数据库管理系统

    B．硬件、数据库应用系统和用户

    C．数据库、数据库管理系统、数据库应用系统、用户和硬件

    D．数据库、数据库应用系统和硬件

5．在 MySQL 中，使用（　　）语句可以查看已创建的数据库 gdci。

    A．SHOW DATABASES;　　　　　　　B．SHOW CREATE DATABASE gdci;

    C．SHOW DATABASE gdci;　　　　　　D．SHOW gdci;

6．在下列数据类型中，不属于 MySQL 的数据类型的是（　　）。

    A．VAR　　　　　B．INT　　　　　　C．TIME　　　　　D．CHAR

7．在创建数据表时，不允许某列为空可以使用（　　）。

    A．NOT BLANK　　B．NO NULL　　　　C．NO BLACK　　　D．NOT NULL

8．在 MySQL 中，只修改字段的数据类型的语句是（　　）。

    A．ALTER TABLE...ALTER COLUMN　　B．ALTER TABLE...MODIFY COLUMN

    C．ALTER TABLE...UPDATE...　　　　　D．ALTER TABLE...UPDATE COLUMN

9．在 MySQL 中，用于创建关系数据表的是（　　）语句。

    A．ALTER　　　　B．UPDATE　　　　C．CREATE　　　　D．INSERT

10．下列关于 MySQL 数据表的描述正确的是（　　）。

    A．在 MySQL 中，一个数据库中可以有重名的数据表

    B．在 MySQL 中，一个数据库中不能有重名的数据表

    C．在 MySQL 中，可以使用数字来命名数据表

    D．以上说法都不正确

11．在 MySQL 中，下列关于数据备份的描述错误的是（　　）。

    A．使用 mysqldump 命令一次只能备份一个数据库

    B．使用 mysqldump 命令可以一次备份所有数据库

    C．使用 mysqldump 命令可以备份数据库中的某个数据表

    D．使用 mysqldump 命令可以备份单个数据库中的所有数据表

12．下列关于数据库还原的描述错误的是（　　）。

    A．在还原数据之前，需要先创建还原数据的数据库

    B．如果需要恢复的数据库已经存在，那么可以直接执行恢复操作来覆盖原来的数据库

C. 当使用 mysqldump 命令还原数据库之后，需要重启 MySQL 服务器才能还原成功

D. 当使用直接复制到数据库文件夹中的方法来恢复数据时，需要先关闭 MySQL 服务

二、填空题

1. 在 MySQL 中，使用_____和_____来表示小数。浮点类型有两种，分别为_____和_____。定点类型只有一种，即 decimal。

2. 浮点类型相对于定点类型的优势是，在长度一定的情况下，浮点类型可以比定点类型_____，但缺点是_____。

3. 修改表名需要使用关键字_____。

4. 如果要删除多个数据表，那么数据表之间需要用_____分隔。

三、简答题

1. 简述创建数据库的 SQL 语句及其语法格式。

2. 简述 CHAR 类型和 VARCHAR 类型的区别。

3. 简述数据库需要备份的原因。

4. 简述数据库备份和恢复的几种方式。

四、应用题

1. 在数据库 gkeodm 中，使用 SQL 语句创建餐桌表 gkeodm_table 和菜品分类表 gkeodm_category，这两个数据表的结构如表 4-15 和表 4-16 所示。

2. 将数据库 gkeodm 中的用户表 gkeodm_user 备份到 E 盘的 backup 目录下。

项目 5

数据的简单查询

【知识目标】

掌握单表的简单查询。

【技能目标】

（1）能运用 SELECT 语句实现单表查询。

（2）能在查询时选择与设置字段。

（3）能在查询时根据 WHERE 子句限制条件选择行。

（4）能使用 LIMIT 子句查询指定的行记录。

（5）能使用 LIKE 运算符进行模糊查询。

（6）能使用逻辑运算符与比较运算符进行查询。

【素养目标】

（1）提升学生的统计分析能力。

（2）提升学生的逻辑思维能力和动手能力。

（3）提升学生独立思考和探索知识的能力。

（4）培养学生不怕困难、独立解决问题的习惯。

【工作情境】

粤文创项目中包含各类信息，如地区信息、工作人员信息、民俗信息和名人信息等，其中地区表中存储的是地区编号、中文名、外文名、别名、地理位置和面积等基本信息。实际上，用户只对部分信息感兴趣，在这种情况下，就需要在原有的表中查询指定的数据列信息，这就是单个数据表的简单查询。

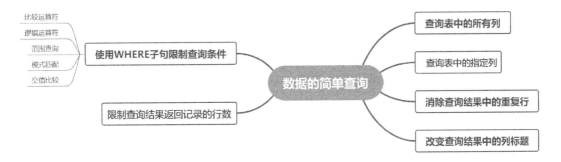

任务　查询数据

【任务分析】

使用数据库和数据表的主要目的就是存储数据，以便在需要时对数据进行检索、统计和输出。在 MySQL 中，可以使用 SELECT 语句来实现数据查询，按照用户要求设置不同的查询条件，对数据进行筛选，从数据库中检索待定信息，并将查询结果以表格形式返回。

小王对粤文创项目进行分析后得到的任务清单如下。

任务编号	任务内容
任务 5-1	统计地区表 area 中面积超过 5000 平方千米且低于 10 000 平方千米的地区的相关信息
任务 5-2	查询工作人员表 user 中姓为"李"的员工的相关信息
任务 5-3	查询工作人员表 user 中工号为 1、3、5 的员工的相关信息
拓展任务 5-1	使用聚合函数查询数据

【知识储备】

除了存储数据，数据库还可以用来查询和管理数据。按照需求查询数据是数据库的重要功能之一。

SELECT 语句可以用于查询数据，从一个表或多个表中选择特定的行和列，生成一个临时表。常用的 SELECT 语句的语法格式如下：

SELECT <字段列表> FROM <数据表名称或视图名称> [WHERE <条件表达式>]

需要说明以下几点。

- 字段列表：用来给出应该返回哪些数据，可以是多个列名或表达式。列名和列名之间用逗号分隔，表达式可以是列名、函数或常数的列表。
- WHERE 子句：可选项，如果选择该项，那么限定查询数据必须满足该查询条件（在多表查询中将具体讲解）。

- SELECT 语句：除了用于数据查询，还可以用来为局部变量赋值或调用一个函数。

提示：MySQL 中的 SQL 语句不区分大小写，所以 SELECT、select 与 Select 是等价的，执行结果是一样的，但代码的可读性不一样。

1. 查询表中的所有列

在 SELECT 语句中，可以使用"*"查找表中所有字段的数据，基本语法格式如下：

```
SELECT * FROM 表名;
```

示例 5-1　使用 Navicat 查询地区表 area 中的所有信息。

启动 Navicat，连接 MySQL 服务器，打开"Navicat for MySQL"窗口，展开左侧"连接"框中的连接名，双击"gdci"，若该数据库已经被删除，则先新建一个同名数据库 gdci。单击工具栏中的"查询"图标，选择"新建查询"选项，打开查询编辑器界面，在下方的编辑区域输入如下 SQL 语句：

```
SELECT * FROM area;
```

单击"运行"图标，运行结果如图 5-1 所示。

areaNumber	chineseName	foreignName	alias	geographicalPosition	area	populationSize	areaCode	licensePlateCode
5810	广州	Guangzhou, Canton, Kwangchow	穗、花城、羊城、五羊城	广东省中南部，珠三角北部	7238.46	18810600	020	粤A
5820	韶关	Shaoguan City	韶城、韶州	广东省北部	18412.66	2860100	0751	粤F
5840	深圳	Shenzhen	鹏城	广东省南部沿海，珠江口东岸	1986.41	17681600	0755	粤B
5850	珠海	Zhuhai	百岛之市、浪漫之城	广东省南部，珠江三角洲西南部	1725.00	2466700	0756	粤C
5860	汕头	Shantou, Swatow	鮀城（鮀岛）	广东省东部，韩江三角洲南翼	2204.20	5530400	0754	粤D
5865	揭阳	Jieyang, Kityall, Kekyon	岭南水城、亚洲玉都、中国玉都	中国广东省东部	5266.00	5616800	0663	粤V
5869	潮州	Chaozhou, Teochew	凤城、义安郡、潮阳郡	广东省东部，韩江三角洲北部	3160.00	2574600	0768	粤U
5880	佛山	Foshan, Fatshan	禅城	广东省中部	3797.79	9612600	0757	粤E
5890	江门	Kongmoon, Jiangmen	五邑、四邑、六邑	广东省中南部，珠江三角洲西部	9535.19	4835100	0750	粤J
5910	湛江	Zhanjiang	港城	岭南地区，广东西南部	13300.00	7030900	0759	粤G
5920	茂名	Mowming, Maoming	南方油城	广东省西南部，鉴江中游	11451.25	6219700	0668	粤K
5930	肇庆	Shiuhing, Zhaoqing	端州	广东省中西部，珠三角西北部，西江中游	14900.00	4129700	0758	粤H
5937	云浮	Yunfu, Wanfow	石都、硫都	广东省西部，西江中游	7785.16	2393300	0766	粤W
5950	惠州	Huizhou	鹅城、惠民之州、客家侨都	广东省南部，珠江三角洲东端	11350.36	6066000	0752	粤L
5960	梅州	Meizhou City	嘉应府、嘉应州、循州、敬州、齐昌府	广东省东北部	15864.51	3876900	0753	粤M
5970	汕尾	Shanwei, swabue	海陆丰	广东省东南部沿海，潮汕平原东侧	4865.01	2686900	0660	粤N
5980	河源	Heyuan	槎城、客家古邑	广东省东北部，东江中上游，韩江上游	15653.63	2840900	0762	粤P
5990	阳江	Yangjiang, Yeungkong	阳江城、鼍（tuó）城	广东省西南沿海	7966.80	2620700	0662	粤Q
6010	清远	Tsingyún, Qingyuan	凤城	广东省中北部，北江中下游	19000.00	3983000	0763	粤R
6020	东莞	Dongguan	莞城	广东省南部，珠江三角洲，珠江口东岸	2460.38	10536800	0769	粤S

图 5-1　示例 5-1 运行结果

注意：在使用"*"查询时，只能按照数据表中字段的顺序进行排列，不能改变字段的排列顺序。在一般情况下，除非需要使用表中所有的字段数据，否则最好不要使用"*"。虽然使用通配符可以节省输入查询语句的时间，但是获取不需要的列数据通常会降低查询和所使用的应用程序的效率。使用"*"的优势是，当不知道所需列的名称时，可以通过"*"来获取。

2. 查询表中的指定列

在 SELECT 语句中可以指定要查询的列，各个列名之间通过逗号分隔，基本语法格式如下：

```
SELECT <字段列表> FROM <表名>;
```

示例 5-2　在地区表 area 中查询地区编号、中文名和外文名。

输入的 SQL 语句如下所示：

```
SELECT areaNumber,chineseName,foreignName FROM area;
```

运行结果如图 5-2 所示。

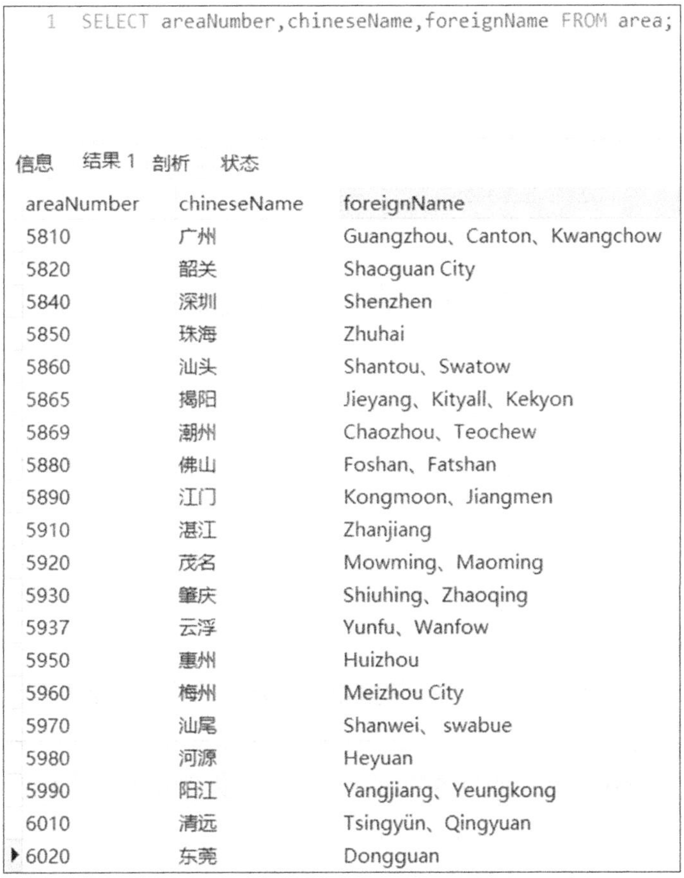

图 5-2　示例 5-2 的运行结果

3. 改变查询结果中的列标题

如果在查询结果时希望使用自己定义的列标题，那么可以使用 AS 子句。

示例 5-3　在地区表 area 中查询广东省所有地区的中文名和外文名。

输入的 SQL 语句如下所示：

```
SELECT chineseName AS '中文名',foreignName AS '外文名' FROM area;
```

运行结果如图 5-3 所示。

图 5-3　示例 5-3 的运行结果

注意：改变的只是查询结果中显示的列标题，并没有改变表中的列标题；在 WHERE 子句中不允许使用列别名。

4．限制查询结果返回记录的行数

如果在查询时只希望看到返回结果中的部分记录行，那么可以使用 LIMIT 子句。其基本语法格式如下：

```
LIMIT 行数
```

或者：

```
LIMIT 起始行的偏移量,返回记录的行数
```

说明：偏移量和行数都必须是非负的整数；起始行的偏移量是指返回结果的第一行记录在数据表中的绝对位置，数据表初始记录行的偏移量为 0，返回记录的行数是指返回多少行记录。例如，LIMIT 4 表示返回 SELECT 语句结果集中最前面的 4 行，而 LIMIT 2,4 则表示从第 3 行记录开始共返回 4 行。

示例 5-4　查找地区表 area 中靠前的 3 个地区的信息。

输入的 SQL 语句如下所示：

```
SELECT * FROM area LIMIT 3;
```

运行结果如图 5-4 所示。

示例 5-5　查询地区表 area 中从第 3 条记录开始的 4 行记录。

输入的 SQL 语句如下所示：

```
SELECT * FROM area LIMIT 2,4;
```

运行结果如图 5-5 所示。

```
1  SELECT * FROM area LIMIT 3;
2
3
4
5
```

信息　结果 1　剖析　状态

areaNumber	chineseName	foreignName	alias
▶ 5810	广州	Guangzhou、Canton、Kwangchow	穗、花城、羊城、五羊
5820	韶关	Shaoguan City	韶州、韶城
5840	深圳	Shenzhen	鹏城

图 5-4　示例 5-4 的运行结果

```
1  SELECT * FROM area LIMIT 2,4;
```

信息　结果 1　剖析　状态

areaNumber	chineseName	foreignName	alias
▶ 5840	深圳	Shenzhen	鹏城
5850	珠海	Zhuhai	百岛之市、浪漫之城
5860	汕头	Shantou、Swatow	鮀城（鮀岛）
5865	揭阳	Jieyang、Kityall、Kekyon	岭南水城、亚洲玉都、中国玉都

图 5-5　示例 5-5 的运行结果

5. 消除查询结果中的重复行

将 DISTINCT 关键字放在 SELECT 字段列表所有列名的前面，可以消除 DISTINCT 关键字后面那些列值中的重复行。

示例 5-6　查找工作人员表 user 中工作人员的职称，要求消除结果中的重复行。

输入的 SQL 语句如下所示：

```
SELECT DISTINCT fkTitle FROM user;
```

运行结果如图 5-6 所示。

6. 使用 WHERE 子句限制查询条件

WHERE 子句用来限制查询结果的数据行（WHERE 后面是条件表达式，查询结果必须是满足条件表达式的记录行）。

条件表达式通常由一个或多个逻辑表达式组成，而逻辑表达式通常会涉及比较运算符、逻辑运算符和模式匹配等。

```
1  SELECT DISTINCT fkTitle FROM user;
2
3  |
4
5
```

信息　结果 1　剖析　状态

fkTitle
实习研究员
助理研究员
副助理研究员
▶ 研究员

图 5-6　示例 5-6 的运行结果

1）比较运算符

比较运算符用于比较两个表达式的值，运算结果为逻辑值，可以为 1（真）、0（假）或

NULL（不确定）。MySQL 支持的比较运算符如表 5-1 所示。

表 5-1 MySQL 支持的比较运算符

运算符	含义
=	等于
>	大于
<	小于
>=	大于或等于
<=	小于或等于
<>、!=	不等于
<=>	相等或都等于空

运用比较运算符语句的基本语法格式如下：

表达式 比较运算符 表达式

需要说明以下几点。

- 表达式是除 TEXT 类型和 BLOB 类型外的表达式。
- 当两个表达式的值均不为 NULL 时，除了"<=>"运算符，其他比较运算符返回逻辑值 TRUE（真）或 FALSE（假）；而当两个表达式的值中有一个为 NULL 或都为 NULL 时，将返回 UNKOWN。

示例 5-7　查询工作人员表 user 中工号为 2 的员工。

输入的 SQL 语句如下所示：

```
SELECT * FROM user WHERE userId=2;
```

运行结果如图 5-7 所示。

图 5-7　示例 5-7 的运行结果

示例 5-8　查询地区表 area 中面积大于 15 000 平方千米的地区的中文名、地区面积。

输入的 SQL 语句如下所示：

```
SELECT chineseName,area FROM area WHERE area>15000;
```

运行结果如图 5-8 所示。

图 5-8 示例 5-8 的运行结果

2）逻辑运算符

在 MySQL 中，可以将多个运算结果通过逻辑运算符（AND、OR、XOR 和 NOT）组成更复杂的查询条件。逻辑运算符可以用于对某个条件进行测试，运算结果为真或假。MySQL 提供的逻辑运算符如表 5-2 所示。

表 5-2 MySQL 提供的逻辑运算符

运算符	表达式	功能
AND	A AND B	当表达式 A 和 B 的值都为真时，整个表达式的结果为真
OR	A OR B	当表达式 A 或 B 的值为真时，整个表达式的结果为真
NOT	NOT A	如果表达式 A 的值为真，那么整个表达式的结果为假； 如果表达式 A 的值为假，那么整个表达式的结果为真
IN	A IN(a1,a2,a3,...)	如果表达式 A 的值与集合中的任意值相等，那么返回真
BETWEEN	C BETWEEN A AND B	如果表达式 C 的值在表达式 A 和 B 的值之间，那么返回真（包含与两端值相等的情况）

3）范围查询

MySQL 支持使用多种方式进行范围查询，如使用关键字 BETWEEN 和 IN，以及使用比较运算符。

示例 5-9 查询工作人员表 user 中出生于 2002—2004 年的所有员工的信息。

方法一 使用 AND 查询：

```
SELECT * FROM user WHERE birthday>='2002-01-01' AND birthday<='2004-12-31';
```

方法二 使用 BETWEEN AND 查询：

```
SELECT * FROM user WHERE birthday BETWEEN '2002-01-01' AND '2004-12-31';
```

运行结果如图 5-9 所示。

图 5-9　示例 5-9 的运行结果

示例 5-10　查询地区表 area 中人口数量超过 10 000 000 人或少于 2 500 000 人的地区的相关信息。

输入的 SQL 语句如下所示：

```
SELECT * FROM area WHERE populationSize>=10000000 OR populationSize<=2500000;
```

示例 5-11　查询地区编号为 5840、5850 和 5860 的地区信息。

方法一　使用 IN 关键字：

```
SELECT * FROM area WHERE areaNumber IN(5840,5850,5860);
```

方法二　使用 OR 关键字：

```
SELECT * FROM area WHERE areaNumber=5840 OR areaNumber=5850 OR areaNumber=5860
```

运行结果如图 5-10 所示。

1	SELECT * FROM area WHERE areaNumber IN(5840,5850,5860);					

信息	结果 1	剖析	状态			
areaNumber	chineseName	foreignName		alias	geographicalPosition	area
5840	深圳	Shenzhen		鹏城	广东省南部沿海，珠江口东岸	1986.41
5850	珠海	Zhuhai		百岛之市、浪漫之城	广东省，珠江三角洲西南部	1725.00
5860	汕头	Shantou、Swatow		鮀城（鮀岛）	广东省东部，韩江三角洲南端	2204.20

图 5-10　示例 5-11 的运行结果

4）模式匹配

模式匹配主要用于模糊查询。当无法给出精确的查询条件，并且给出的只是某些列值的一部分时，查询不要求与列值完全相等，称为模糊查询。例如，要查找工作人员表中姓为"张"的员工的相关信息。

模式匹配会使用 LIKE 运算符。LIKE 运算符用于指出一个字符串与指定字符串是否匹配，需要与通配符一起使用。常用的通配符有"_"和"%"，"%"代表 0 个或多个字符，"_"代表单个字符。模式匹配的基本语法格式如下：

```
表达式 [NOT] LIKE 表达式
```

示例 5-12　查询工作人员表 user 中姓为"张"的员工的相关信息。

输入的 SQL 语句如下所示:

```
SELECT * FROM user WHERE userName LIKE '张%';
```

运行结果如图 5-11 所示。

图 5-11　示例 5-12 的运行结果

5）空值比较

空值表示未知的不确定的值,不是空格也不是空字符串。当需要判定一个表达式的值是否为空值时,可以使用 IS NULL 关键字。其基本语法格式如下:

```
表达式 IS [NOT] NULL
```

当不使用 NOT 时,若表达式的值为空值,则返回 TRUE,否则返回 FALSE;当使用 NOT 时,结果刚好相反。

示例 5-13　查询工作计划参与人员表 participant 中备注为空的人员信息。

输入的 SQL 语句如下所示:

```
SELECT * FROM participant WHERE remarks IS NULL;
```

运行结果如图 5-12 所示。

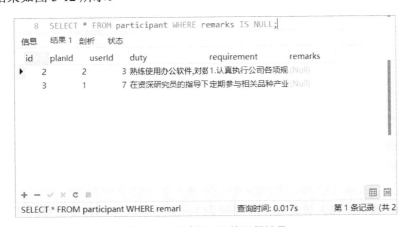

图 5-12　示例 5-13 的运行结果

101

【任务实施】

任务 5-1　统计地区表 area 中面积超过 5000 平方千米且低于 10 000 平方千米的地区的相关信息。

输入的 SQL 语句如下所示：

```
SELECT * FROM area WHERE area BETWEEN 5000 AND 10000;
```

运行结果如图 5-13 所示。

	1 SELECT * FROM area WHERE area BETWEEN 5000 AND 10000;		
信息　结果 1　剖析　状态			
areaNumber	chineseName	foreignName	alias
▶ 5810	广州	Guangzhou、Canton、Kwangchow	穗、花城、羊城、五羊城
5865	揭阳	Jieyang、Kityall、Kekyon	岭南水城、亚洲玉都、中国玉都
5890	江门	Kongmoon、Jiangmen	五邑、四邑、六邑
5937	云浮	Yunfu、Wanfow	石都、硫都
5990	阳江	Yangjiang、Yeungkong	阳江城、鼍（tuó）城

图 5-13　任务 5-1 的运行结果

任务 5-2　查询工作人员表 user 中姓为"李"的员工的相关信息。

输入的 SQL 语句如下所示：

```
SELECT * FROM user WHERE userName LIKE '李%';
```

运行结果如图 5-14 所示。

11 SELECT * FROM user WHERE userName LIKE '李%';							
信息　结果 1　剖析　状态							
userId	userName	fkTitle	gender	nation	birthday	nativePlace	phor
▶ 3	李四	副助理员	女	傣	2002-09-13	河南信阳	1542
5	李成	实习研究员	女	维吾尔	2005-01-03	新疆喀什	1531
6	李然	研究员	男	汉	2000-02-23	新疆喀什	1562
7	李然	助理研究员	女	回	2004-06-23	河南周口	1542

+ − ✓ × C ▣			
SELECT * FROM user WHERE userName LIł		查询时间：0.018s	第 1 条记录（共 4

图 5-14　任务 5-2 的运行结果

任务 5-3　查询工作人员表 user 中工号为 1、3、5 的员工的相关信息。

输入的 SQL 语句如下所示：

```
SELECT * FROM user WHERE userId IN(1,3,5);
```

运行结果如图 5-15 所示。

```
1   SELECT * FROM user WHERE userId IN(1,3,5);
2
3
4
5
```

信息	结果 1	剖析	状态

userId	userName	fkTitle	gender	nation	birthday	nativePlace	phone
▶	1 张三	实习研究员男		汉	2000-07-28	河南南阳	152364xx8
	3 李四	副助理员　女		傣	2002-09-13	河南信阳	154235xx8
	5 李成	实习研究员女		维吾尔	2005-01-03	新疆喀什	153123xx9

图 5-15　任务 5-3 的运行结果

拓展任务 5-1　使用聚合函数查询数据。

函数是完成特定功能的一组 SQL 语句的集合。在查询数据时经常使用函数来实现一些复杂运算。MySQL 提供了丰富的内置函数，如字符串函数、日期和时间函数、聚合函数等。其中，聚合函数也被称为统计函数，用一组值进行计算并返回一个数值。表 5-3 中列举了常用的聚合函数。

表 5-3　常用的聚合函数

函数	功能
COUNT(*)或 COUNT(表达式)	返回一组数据的总行数。COUNT(*)返回总行数，包括包含空值的行；COUNT(表达式)将去掉表达式的值为空的那些行
MAX(表达式)	返回一组数据的最大值
MIN(表达式)	返回一组数据的最小值
SUM(表达式)	返回一组数据的和
AVG(表达式)	返回一组数据的平均值

（1）统计地区表 area 中人口数量在 10 000 000 人以上的地区的数目：

```
SELECT COUNT(areaNumber) AS '人口在10000000人以上的地区的数目' FROM area where
populationSize>=10000000;
```

（2）统计地区表 area 中面积最大的地区：

```
SELECT MAX(area) AS '面积最大的地区' FROM area
```

（3）统计地区表 area 中所有地区的面积之和：

```
SELECT SUM(area) AS '所有地区的面积之和' FROM area
```

巩固与小结

（1）使用 SELECT...FROM 语句不仅可以查询指定列，还可以为查询结果定制列名。

（2）使用 WHERE 子句过滤满足条件的行。

（3）使用 LIMIT 子句查询指定的行记录。

（4）使用 LIKE 运算符进行模糊查询。

（5）使用逻辑运算符与比较运算符进行查询。

任务训练

【训练目的】

掌握使用 SQL 语句实现单表简单查询。

【任务清单】

在点餐系统数据库 gkeodm 中实现数据表简单查询。

（1）查询用户表 gkeodm_user，显示所有数据。

（2）查询用户表 gkeodm_user，显示 userId、userName、userType 字段，并且分别使用别名为用户编号、用户名、用户类型来表示。

（3）查询用户表 gkeodm_user，显示所有姓为"郭"的用户的信息。

（4）查询菜品表 gkeodm_food，显示"鱼香肉丝"菜品的基本信息。

（5）查询订单表 gkeodm_order，显示创建人编号大于 5 且小于 10 的所有订单信息。

（6）查询菜品表 gkeodm_food，显示编号为 1、3、5 的菜品的信息。

习题

一、选择题

1．当使用 SELECT 语句查询时，使用 WHERE 子句指出的是（　　）。

　　A．查询目标　　　B．查询结果　　　C．查询条件　　　D．查询视图

2．下列关于"SELECT * FROM user LIMIT 5,10;"语句的描述正确的是（　　）。

　　A．获取第 6～10 条记录　　　　　　B．获取第 5～10 条记录

　　C．获取第 6～15 条记录　　　　　　D．获取第 5～15 条记录

3．在 MySQL 中，通常使用（　　）语句进行数据的检索、输出。

　　A．INSERT　　　B．SELECT　　　C．DELETE　　　D．UPDATE

4．如果查询出表中的一列为空，那么需要使用的是（　　）。

　　A．addr=NULL　　B．addr==NULL　　C．addr IS NULL　　D．addr IS NOT NULL

5．（　　）关键字在 SELECT 语句中表示所有列。

　　A．*　　　　　B．ALL　　　　　C．UNION　　　　D．HAVING

二、填空题

1．SELECT 语句的执行过程是从数据库中选取匹配的特定_____和_____，先将这些数据组织成一个结果集，再以_____的形式返回。

2．在编写查询语句时，使用_____通配符可以匹配任意多个字符。

3．在 SQL 查询语句的 WHERE 子句中，可以使用范围运算符指定查询范围。当要查询的条件是某个值的范围时，可以使用比较运算符或_____关键字。

4．SQL 查询语句可以使用_____关键字，指定查询结果从哪一条记录开始显示，以及一共显示多少条记录。

5．在 SELECT 语句中，使用_____关键字可以消除重复记录。

项目 6

数据的插入、修改和删除操作

【知识目标】

（1）掌握插入记录的语句。

（2）掌握删除记录的语句。

（3）掌握修改记录的语句。

【技能目标】

（1）能在数据表中插入数据。

（2）能删除数据表中数据。

（3）能修改数据表中数据。

【素养目标】

（1）深刻理解数据的重要性，怀着一份责任心，准确输入数据。

（2）塑造吃苦耐劳的品格。

【工作情境】

负责前端开发工作的老李告诉小王，需要为粤文创项目中的地区表 area 插入一些数据，修改不正确的数据，并删除过时的数据。小王收集完广东省各个城市的数据后，开始在地区表 area 中插入数据，并对数据进行核实，完成了删除和修改操作。

【思维导图】

任务 1　插入数据

【任务分析】

小王对粤文创项目进行分析后得到的任务清单如下。

任务编号	任务内容
任务 6-1	使用缩略格式在地区表 area 中插入 3 条记录
拓展任务 6-1	在"学生 1"表中插入包含空字段的记录
拓展任务 6-2	用"班级"表向"学生 2"表输送记录
拓展任务 6-3	将"班级 1"表内的记录插入"名单"表中
拓展任务 6-4	使用 REPLACE 语句插入城市为汕头的记录

【知识储备】

项目 5 介绍了如何创建表结构，相当于只是制作了如图 6-1 所示的列标题。

地区编号	中文名	外文名	别名	地理位置	面积（平方千米）	人口数量（人）	电话区号	车牌代码

图 6-1　表结构

或者相当于得到了一个空表，如图 6-2 所示。本章主要介绍如何在表中输入数据、修改数据和删除数据。

地区编号	中文名	外文名	别名	地理位置	面积（平方千米）	人口数量（人）	电话区号	车牌代码

图 6-2　空表

使用 INSERT 语句、REPLACE 语句插入记录，其实是追加记录的操作。追加记录就是把新记录放到表的末尾。

1. 插入一条记录

插入一条记录的语法格式如下：

`INSERT 表名 (列1, 列2, 列3, …) VALUES (列1值, 列2值, 列3值, …);`

示例 6-1 在"学生"表中插入一条记录，如图 6-3 所示。

编号	姓名	性别

➡

编号	姓名	性别
1	赵晓明	男

图 6-3 插入一条记录

插入一条记录的语句如下：

`INSERT 学生 (编号,姓名,性别) VALUES (1,'赵晓明','男');`

通过 SELECT 语句查看"学生"表中的全部记录，如图 6-4 所示。

编号	姓名	性别
1	赵晓明	男

图 6-4 "学生"表中的全部记录 1

2. 插入多条记录

插入多条记录的语法格式如下：

```
INSERT 表名 (列1, 列2, 列3, …) VALUES
(列1值, 列2值, 列3值, …),
(列1值, 列2值, 列3值, …),
    … …
(列1值, 列2值, 列3值, …);
```

示例 6-2 在"学生"表中插入多条记录，如图 6-5 所示。

编号	姓名	性别
1	赵晓明	男

➡

编号	姓名	性别
1	赵晓明	男
2	张宏	男
3	陈强	男

图 6-5 插入多条记录

插入两条记录的语句如下：

```
INSERT 学生 (编号,姓名,性别) VALUES
(2,'张宏','男'),
(3,'陈强','男');
```

通过 SELECT 语句查看"学生"表中的全部记录，如图 6-6 所示。

图 6-6　"学生"表中的全部记录 2

3. 使用插入语句的缩略格式插入一条记录

使用缩略格式插入一条记录的语法格式如下：

```
INSERT 表名 VALUES (列1值，列2值，列3值，…);
```

这种语法格式要求插入这条记录的所有字段值，并且要按表结构的顺序插入。

示例 6-3　在地区表 area 中插入一条记录，如图 6-7 所示。

地区编号	中文名	外文名	别名	地理位置	面积（平方千米）	人口数量（人）	电话区号	车牌代码

地区编号	中文名	外文名	别名	地理位置	面积（平方千米）	人口数量（人）	电话区号	车牌代码
5810	广州	Guangzhou	穗	广东省中南部	7238.46	18810600	020	粤A

图 6-7　使用缩略格式插入一条记录

使用缩略格式插入一条记录的 SQL 语句如下：

```
INSERT area VALUES (5810,'广州','Guangzhou','穗','广东省中南部',7238.46,18810600,
'020','粤A');
```

通过 SELECT 语句查看地区表 area 中的记录，如图 6-8 所示。

地区编号	中文名	外文名	别名	地理位置	面积（平方千米）	人口数量（人）	电话区号	车牌代码
5810	广州	Guangzhou	穗	广东省中南部	7238.46	18810600	020	粤A

图 6-8　使用缩略格式插入了一条记录

4. 使用插入语句的缩略格式插入多条记录

使用缩略格式插入多条记录的语法格式如下：

```
INSERT 表名 VALUES (列1值，列2值，列3值，…),
               (列1值，列2值，列3值，…),
               … …
               (列1值，列2值，列3值，…);
```

 【任务实施】

任务 6-1　使用缩略格式在地区表 area 中插入 3 条记录，如图 6-9 所示。

地区编号	中文名	外文名	别名	地理位置	面积(平方千米)	人口数量（人）	电话区号	车牌代码
5810	广州	Guangzhou	穗	广东省中南部	7238.46	18810600	020	粤A

地区编号	中文名	外文名	别名	地理位置	面积(平方千米)	人口数量（人）	电话区号	车牌代码
5810	广州	Guangzhou	穗	广东省中南部	7238.46	18810600	020	粤A
5820	韶关	Shaoguan	韶州	广东省北部	18412.66	2860100	0751	粤F
5840	深圳	Shenzhen	鹏城	珠江口东岸	1986.41	17681600	0755	粤B
5850	珠海	Zhuhai	百岛之市	珠江三角洲西南部	1725.00	2466700	0756	粤C

图 6-9　使用缩略格式插入 3 条记录

插入 3 条记录的语句如下：

```
INSERT area VALUES
(5820,'韶关','Shaoguan','韶州','广东省北部',18412.66,2860100,'0751','粤F'),
(5840,'深圳','Shenzhen','鹏城','珠江口东岸',1986.41,17681600,'0755','粤B'),
(5850,'珠海','Zhuhai','百岛之市','珠江三角洲西南部',1725.00,2466700,'0756','粤C');
```

通过 SELECT 语句查看地区表 area 中的全部记录，如图 6-10 所示。

地区编号	中文名	外文名	别名	地理位置	面积（平方千米）	人口数量（人）	电话区号	车牌代码
5810	广州	Guangzhou	穗	广东省中南部	7238.46	18810600	020	粤A
5820	韶关	Shaoguan	韶州	广东省北部	18412.66	2860100	0751	粤F
5840	深圳	Shenzhen	鹏城	珠江口东岸	1986.41	17681600	0755	粤B
5850	珠海	Zhuhai	百岛之市	珠江三角洲西南部	1725.00	2466700	0756	粤C

图 6-10　地区表 area 中的全部记录

【拓展任务】

1. 插入包含空字段的记录

拓展任务 6-1　在"学生 1"表中插入包含空字段的记录。

对于"学生 1"表，在输入信息时可能不知道个别学生的性别，因此在设计表结构时将"性别"字段设置为"允许为空"。下面插入性别为空的记录，如图 6-11 所示。

编号	姓名	性别
1	赵晓明	男

编号	姓名	性别
1	赵晓明	男
2	张宏	

图 6-11　插入性别为空的记录

插入包含空字段的记录的语句如下：

```
INSERT 学生1 VALUES (2,'张宏',Null);
```

110

通过 SELECT 语句查看“学生 1”表，如图 6-12 所示。

编号	姓名	性别
1	赵晓明	男
2	张宏	(Null)

图 6-12　“学生 1”表

2. 用带数据的表创建新表，同时继承它的部分数据

拓展任务 6-2　用“班级”表向“学生 2”表输送记录。

根据如图 6-13 所示的“班级”表创建“学生 2”表，并插入学生的编号、姓名和性别信息。

编号	姓名	性别	成绩
1	赵晓明	男	98
2	张宏	男	88
3	陈强	男	79

（a）“班级”表

部分复制

编号	姓名	性别
1	赵晓明	男
2	张宏	男
3	陈强	男

（b）“学生 2”表

图 6-13　创建“学生 2”表

在创建表的同时插入记录的语句如下：

```
CREATE  TABLE  学生2  SELECT  编号,姓名,性别  FROM  班级;
```

通过 SELECT 语句查看“学生 2”表，如图 6-14 所示。

编号	姓名	性别
1	赵晓明	男
2	张宏	男
3	陈强	男

图 6-14　“学生 2”表

如果将“班级”表的所有字段都插入“学生 2”表中，那么语句可以简化为如下形式：

```
CREATE  TABLE  学生2  SELECT  *  FROM  班级;
```

3. 将一个表内的记录插入另一个表中

拓展任务 6-3　将“班级 1”表内的记录插入“名单”表中，如图 6-15 所示。

从另一个表中获取记录的语法格式如下：

```
INSERT  名单  SELECT  姓名,性别  FROM  班级1;
```

通过 SELECT 语句查看“名单”表，如图 6-16 所示。

姓名	性别
赵晓明	男
张宏	男
陈强	男

➕

姓名	性别	成绩
黄奕	男	78
刘伟	男	84
罗伊	女	86

➡

姓名	性别
赵晓明	男
张宏	男
陈强	男
黄奕	男
刘伟	男
罗伊	女

（a）"名单"表　　　　　　（b）"班级 1"表　　　　　（c）插入记录后的"名单"表

图 6-15　将"班级 1"表内的记录插入"名单"表中

姓名	性别
▶ 赵晓明	男
张宏	男
陈强	男
黄奕	男
刘伟	男
罗伊	女

图 6-16　插入记录之后的"名单"表

4. 使用 REPLACE 语句插入一条记录

拓展任务 6-4　使用 REPLACE 语句插入城市为汕头的记录，如图 6-17 所示。

地区编号	中文名	外文名	别名	地理位置	面积（平方千米）	人口数量（人）	电话区号	车牌代码
5810	广州	Guangzhou	穗	广东省中南部	7238.46	18810600	020	粤 A
5820	韶关	Shaoguan	韶州	广东省北部	18412.66	2860100	0751	粤 F
5840	深圳	Shenzhen	鹏城	珠江口东岸	1986.41	17681600	0755	粤 B
5850	珠海	Zhuhai	百岛之市	珠江三角洲西南部	1725.00	2466700	0756	粤 C

⬇

地区编号	中文名	外文名	别名	地理位置	面积（平方千米）	人口数量（人）	电话区号	车牌代码
5810	广州	Guangzhou	穗	广东省中南部	7238.46	18810600	020	粤 A
5820	韶关	Shaoguan	韶州	广东省北部	18412.66	2860100	0751	粤 F
5840	深圳	Shenzhen	鹏城	珠江口东岸	1986.41	17681600	0755	粤 B
5850	珠海	Zhuhai	百岛之市	珠江三角洲西南部	1725.00	2466700	0756	粤 C
5860	汕头	Shantou	鮀城	广东省东部	2204.20	5530400	0754	粤 D

图 6-17　使用 REPLACE 语句插入关于"汕头"的记录

使用 REPLACE 语句插入记录的：

```
REPLACE  area  SET  地区编号=5860,中文名='汕头',外文名='Shantou',别名='鮀城',
                    地理位置='广东省东部',面积=2204.20,人口数量=5530400,
```

电话区号='0754',车牌代码='粤D';

通过 SELECT 语句查看地区表 area，如图 6-18 所示。

地区编号	中文名	外文名	别名	地理位置	面积（平方千米）	人口数量（人）	电话区号	车牌代码
5810	广州	Guangzhou	穗	广东省中南部	7238.46	18810600	020	粤 A
5820	韶关	Shaoguan	韶州	广东省北部	18412.66	2860100	0751	粤 F
5840	深圳	Shenzhen	鹏城	珠江口东岸	1986.41	17681600	0755	粤 B
5850	珠海	Zhuhai	百岛之市	珠江三角洲西南部	1725.00	2466700	0756	粤 C
5860	汕头	Shantou	鮀城	广东省东部	2204.20	5530400	0754	粤 D

图 6-18　插入记录之后的地区表 area

警告：使用 REPLACE 语句插入记录存在风险：一旦插入的记录中的主键值与表内已有记录的主键值一样，这条语句就变成对记录的修改。

任务 2　修改数据

小王对粤文创项目进行分析后得到的任务清单如下。

任务编号	任务内容
任务 6-2	根据条件修改字段的值
拓展任务 6-5	将多条记录的某个字段的值加 50

【任务分析】

在数据库中，可能会出现以下几种情况。

（1）输入了错误的数据。

（2）某记录的某个字段为空，获得了这个字段的值以后，需要添加进去。

（3）某些数据需要修改。

这时就需要使用修改语句。

【知识储备】

1. 使用 UPDATE 语句修改记录

修改记录的语法格式如下：

```
UPDATE  表名  SET  字段1=值1，字段2=值2，…  WHERE  条件；
```

示例 6-4　将"学生 2"表中的"赵晓明"改为"赵小明"，如图 6-19 所示。

编号	姓名	性别
1	赵晓明	男

编号	姓名	性别
1	赵小明	男

图 6-19　更改姓名

修改记录的语句如下：

```
UPDATE 学生2 SET 姓名='赵小明' WHERE 姓名='赵晓明';
```

通过 SELECT 语句查看"学生 2"表，如图 6-20 所示。

编号	姓名	性别
1	赵小明	男
2	张宏	男
3	陈强	男

图 6-20　将"赵晓明"改为"赵小明"

2. 使用 REPLACE...SET 语句修改记录

修改记录的语法格式如下：

```
REPLACE  表名  SET  字段1=值1，字段2=值2，… ;
```

示例 6-5　将"学生 2"表中的"赵小明"的性别改为"女"（"学生 2"表必须有主键），如图 6-21 所示。

编号	姓名	性别
1	赵小明	男

编号	姓名	性别
1	赵小明	女

图 6-21　更改"赵小明"的性别

修改记录的语句如下：

```
REPLACE 学生2 SET 编号=1,姓名='赵小明',性别='女';
```

通过 SELECT 语句查看"学生 2"表，如图 6-22 所示。

编号	姓名	性别
1	赵小明	女

图 6-22　将"赵小明"的性别改为"女"

3. 使用 REPLACE...VALUES 语句修改记录

修改记录的语法格式如下：

```
REPLACE  表名  VALUES  (值1,值2，… );
```

示例 6-6　将"学生 2"表中的"张宏"的性别改为"女"（"学生 2"表必须有主键），如图 6-23 所示。

编号	姓名	性别
1	赵小明	女
2	张宏	男

编号	姓名	性别
1	赵小明	女
2	张宏	女

图 6-23　更改"张宏"的性别

修改记录的语句如下（字段值的排列顺序必须按照表结构的顺序放置）：

`REPLACE 学生2 VALUES (2,'张宏','女');`

通过 SELECT 语句查看"学生 2"表，如图 6-24 所示。

编号	姓名	性别
1	赵小明	女
2	张宏	女

图 6-24　将"张宏"的性别改为"女"

【任务实施】

任务 6-2　根据条件修改字段的值。

把广州的别名改为羊城，如图 6-25 所示。

地区编号	中文名	外文名	别名	地理位置	面积（平方千米）	人口数量（人）	电话区号	车牌代码
5810	广州	Guangzhou	穗	广东省中南部	7238.46	18810600	020	粤A

地区编号	中文名	外文名	别名	地理位置	面积（平方千米）	人口数量（人）	电话区号	车牌代码
5810	广州	Guangzhou	羊城	广东省中南部	7238.46	18810600	020	粤A

图 6-25　更改广州的别名

带条件的修改语句如下：

`UPDATE area SET 别名='羊城' WHERE 别名='穗';`

通过 SELECT 语句查看 area 表，如图 6-26 所示。

地区编号	中文名	外文名	别名	地理位置	面积（平方千米）	人口数量（人）	电话区号	车牌代码
5810	广州	Guangzhou	羊城	广东省中南部	7238.46	18810600	020	粤A
5820	韶关	Shaoguan	韶州	广东省北部	18412.66	2860100	0751	粤F

图 6-26　将"穗"改为"羊城"

拓展任务 6-5　将多条记录的某个字段的值加 50。

给每位员工增加奖金 50 元，如图 6-27 所示。

115

姓名	奖金
黄奕	78
刘伟	84
罗伊	86

姓名	奖金
黄奕	128
刘伟	134
罗伊	136

图 6-27　增加奖金

修改记录的语句如下：

```
UPDATE 工资 SET 奖金 = 奖金 + 50;
```

通过 SELECT 语句查看工资表，如图 6-28 所示。

图 6-28　每位员工的奖金增加 50 元

任务 3　删除数据

小王对粤文创项目进行分析后得到的任务清单如下。

任务编号	任务内容
任务 6-3	根据条件删除记录
拓展任务 6-6	使用 DELETE 语句删除所有记录
拓展任务 6-7	使用 TRUNCATE 语句删除所有记录

【任务分析】

删除数据，指的是删除记录，而不是删除字段。如果班级中的某位同学调走了，就需要在本班级表中删除该同学的记录。

有时需要删除一个表中的全部记录。

【知识储备】

1. 删除 N 条记录

删除记录的语法格式如下：

```
DELETE FROM 表 LIMIT N;
```

这条语句表示从第一条记录开始算起，删除连续的 N 条记录。

示例 6-7　删除"学生"表中的前两条记录，如图 6-29 所示。

编号	姓名	性别
1	赵晓明	男
2	张宏	男
3	陈强	男
4	王海	男

编号	姓名	性别
3	陈强	男
4	王海	男

图 6-29　删除"学生"表中前两条记录前后的状态

删除记录的语句如下：

`DELETE FROM 学生 LIMIT 2;`

通过 SELECT 语句查看"学生"表，如图 6-30 所示。

编号	姓名	性别
3	陈强	男
4	王海	男

图 6-30　删除了两条记录之后的"学生"表

2. 根据条件删除记录

根据条件删除记录的语法格式如下：

`DELETE FROM 表 WHERE 条件;`

示例 6-8　删除"班级 1"表中的"刘伟"这条记录，如图 6-31 所示。

姓名	性别	成绩
黄奕	男	78
刘伟	男	84
罗伊	女	86

姓名	性别	成绩
黄奕	男	78
罗伊	女	86

图 6-31　删除"刘伟"这条记录

删除记录的语句如下：

`DELETE FROM 班级1 WHERE 姓名='刘伟';`

通过 SELECT 语句查看"班级 1"表，如图 6-32 所示。

编号	姓名	性别	成绩
1	黄奕	男	78
3	罗伊	女	86

图 6-32　删除了"刘伟"这条记录

【任务实施】

任务 6-3　根据条件删除记录。

删除关于"广州"的记录，如图 6-33 所示。

地区编号	中文名	外文名	别名	地理位置	面积（平方千米）	人口数量（人）	电话区号	车牌代码
5810	广州	Guangzhou	穗	广东省中南部	7238.46	18810600	020	粤A
5820	韶关	Shaoguan	韶州	广东省北部	18412.66	2860100	0751	粤F

地区编号	中文名	外文名	别名	地理位置	面积（平方千米）	人口数量（人）	电话区号	车牌代码
5820	韶关	Shaoguan	韶州	广东省北部	18412.66	2860100	0751	粤F

图 6-33　删除关于"广州"的记录

删除记录的语句如下：

```
DELETE FROM area WHERE 中文名='广州';
```

通过 SELECT 语句查看地区表 area，如图 6-34 所示。

地区编号	中文名	外文名	别名	地理位置	面积（平方千米）	人口数量（人）	电话区号	车牌代码
5820	韶关	Shaoguan	韶州	广东省北部	18412.66	2860100	0751	粤F
5840	深圳	Shenzhen	鹏城	珠江口东岸	1986.41	17681600	0755	粤B

图 6-34　删除了"广州"的记录

拓展任务 6-6　使用 DELETE 语句删除所有记录。

删除"班级1"表中所有记录的语句如下：

```
DELETE FROM 班级1;
```

通过 SELECT 语句查看"班级1"表，如图 6-35 所示。

编号	姓名	性别	成绩
(N/A)	(N/A)	(N/A)	(N/A)

图 6-35　删除了"班级1"表中的所有记录

拓展任务 6-7　使用 TRUNCATE 语句删除所有记录。

删除"班级"表中所有记录的语句如下：

```
TRUNCATE 班级;
```

通过 SELECT 语句查看"班级"表，如图 6-36 所示。

编号	姓名	性别	成绩
(N/A)	(N/A)	(N/A)	(N/A)

图 6-36　删除了"班级"表中的所有记录

巩固与小结

本项目讲述了对数据表中的数据进行处理的语句，如插入语句、删除语句和修改语句，涉及的语句关键词有 INSERT、UPDATE、REPLACE、DELETE 和 TRUNCATE。

（1）INSERT：向表中添加 *n* 条记录。

（2）UPDATE：修改记录中字段的值。

（3）REPLACE：向表中添加记录，或者修改记录中字段的值。

（4）DELETE：删除 *n* 条记录。

（5）TRUNCATE：删除所有记录。

任务训练

【训练目的】

（1）掌握添加记录的语句。

（2）掌握修改字段的语句。

（3）掌握删除记录的语句。

【任务清单】

（1）创建餐桌表 gkeodm_table，如表 6-1 所示。

表 6-1　餐桌表 gkeodm_table

字段名	类型	默认值	描述
id	BIGINT(20)	自增 1	主键，编号
tableName	VARCHAR(20)	NOT NULL	餐桌名称
capacity	INT(11)	0	容纳人数

（2）在餐桌表 gkeodm_table 中添加 4 条餐桌记录，如表 6-2 所示。

表 6-2　添加 4 条餐桌记录

id	tableName	capacity
1	一号桌	6
2	二号桌	6
3	三号桌	10
4	四号桌	10

（3）将三号桌的"10"改为"6"。

（4）删除最后一条记录。

（5）清空餐桌表 gkeodm_table 的所有记录。

习题

1. 如果删除所有记录，那么 DELETE 语句与 TRUNCATE 语句的区别体现在哪些方面（请通过互联网进行搜索）？

2. 通过地区表 area 创建 area1 表，在创建的同时只保留关于"广州"的记录。

3. 通过地区表 area 创建 area2 表，在创建的同时只保留中文名、车牌代码两个字段。

4. 在工资表中给每位员工的工龄加 1 年。

5. 在地区表 area 中，用一条语句将城市揭阳的别名改为亚洲玉都，将人口数量改为 6 105 000 人。

项目 **7**

数据的高级查询

【知识目标】

（1）掌握常用的聚合函数。

（2）掌握分组查询语句。

（3）掌握排序语句。

（4）掌握返回的行数的关键词的用法。

【技能目标】

（1）会运用聚合函数。

（2）会运用分组技术进行分类汇总。

（3）会对数据进行排序。

（4）会设定固定行数的返回值。

【素养目标】

（1）深刻理解数据背后的特征，能够汇总出背后的数据。

（2）培养不畏艰难、敢于拼搏的品格。

（3）提升对数据进行抽象处理的能力。

【工作情境】

负责前端开发工作的老李给小王布置的任务是，在粤文创项目中，得出哪个城市的面积最小，哪个城市的名人最多，每个城市的名人都有谁；按顺序提取城市的电话区号，按顺序提取城市的车牌代码。

【思维导图】

任务 1　聚合函数及其应用

【任务分析】

小王对粤文创项目进行分析后得到的任务清单如下。

任务编号	任务内容
任务 7-1	统计地级市的个数
拓展任务 7-i	求面积最小的城市的名称

【知识储备】

聚合函数用来从一组值中获取一个单一的值（如获取平均值）。使用聚合函数能够进行归纳汇总。常用的聚合函数如表 7-1 所示。

表 7-1　常用的聚合函数

聚合函数	功能
sum()	求和
avg()	求平均值
count()	求个数
max()	求最大值
min()	求最小值

示例 7-1　求如图 7-1 所示的 3 个学生的平均成绩。

求平均成绩的语句如下：

```
SELECT AVG(成绩) FROM 班级1；
```

运行结果如图 7-2 所示。

编号	姓名	性别	成绩
1	赵晓明	男	98
2	张宏	男	88
3	陈强	男	79

图 7-1　学生成绩 　　　　　　　　　　　图 7-2　示例 7-1 的运行结果

【任务实施】

任务 7-1　统计地级市的个数。

在地区表 area 中，广东省共有多少个地级市？

求地级市个数的语句如下：

```
SELECT COUNT(*) FROM area;
```

运行结果如图 7-3 所示。

拓展任务 7-1　求面积最小的城市的名称。

通过对地区表 area 进行分析，得出广东省的地级市中面积最小的城市。

求面积最小的城市的语句如下：

```
SELECT 中文名 FROM area WHERE 面积 = (SELECT MIN(面积) FROM area);
```

运行结果如图 7-4 所示。

图 7-3　任务 7-1 的运行结果 　　　　　图 7-4　拓展任务 7-1 的运行结果

任务 2　分组查询

小王对粤文创项目进行分析后得到的任务清单如下。

任务编号	任务内容
任务 7-2	统计每个城市的名人数量
任务 7-3	统计每个城市的名人数量及全部名人数量
拓展任务 7-2	列举每个城市的旅游景点
拓展任务 7-3	显示名人数量少于 11 人的城市
拓展任务 7-4	先按照班级分类，再统计每个班级具体有哪几个社团

【任务分析】

按照某个字段将记录分成若干组，并获取如下信息。

（1）有哪几个组。

123

（2）求每个组的汇总值（如平均值、总和和最大值等），并在组与组之间进行对比。

【知识储备】

分组类似于 Excel 中的分类汇总，但更像是 Excel 中的透视表。通过分组，能够获得许多统计数据。

示例 7-2　前几天某学校开展了一次志愿者活动，请统计参加这次活动的班级（图 7-5 中只显示了"志愿者活动"表中 25 条记录的前 4 条）。

统计志愿者分布在哪几个班级的语句如下：

SELECT 班级 FROM 志愿者活动 **GROUP BY** 班级;

也可以使用 DISTINCT 代替 GROUP BY，将志愿者的分布情况按班级进行分类，相应的语句如下：

SELECT **DISTINCT** 班级 FROM 志愿者活动;

运行结果如图 7-6 所示。

姓名	班级
蔡陈星	网络 2111
曾浩	网络 2112
陈煌钦	网络 2113
陈木泉	信安 2115

图 7-5　"志愿者活动"表的前 4 条记录

图 7-6　示例 7-2 的运行结果

【任务实施】

任务 7-2　统计每个城市的名人数量。

"名人所在城市"表共有 500 条记录，图 7-7 中只显示了前 3 条记录。

统计每个城市的名人数量的语句如下：

SELECT 城市,**COUNT**(*) FROM 名人所在城市 **GROUP BY** 城市;

运行结果如图 7-8 所示。

城市	名人
云浮	惠能
云浮	陈集原
云浮	邓发

图 7-7　"名人所在城市"表的前 3 条记录

图 7-8　任务 7-2 的运行结果

任务 7-3　统计每个城市的名人数量及全部名人数量。

通过"名人所在城市"表，统计佛山、广州和珠海 3 个城市的名人数量及 3 个城市的名人总数，如图 7-9 所示。

统计佛山、广州和珠海 3 个城市的名人数量和 3 个城市的名人总数的语句如下：

```
SELECT 城市, COUNT(*) FROM 名人所在城市 WHERE 城市 IN ('佛山','广州','珠海')
GROUP BY 城市 WITH ROLLUP;
```

运行结果如图 7-10 所示。

城市	名人数量
佛山	62
广州	39
珠海	3
	104

图 7-9　3 个城市的名人数量及全部名人数量

城市	COUNT(*)
佛山	62
广州	39
珠海	3
(Null)	104

图 7-10　任务 7-3 的运行结果

拓展任务 7-2　列举每个城市的旅游景点。

通过"广深珠旅游景点"表列举每个城市的旅游景点，如图 7-11 所示。

城市	景区
广州	白云山、中山纪念堂、花城广场、北京路、广州塔
深圳	世界之窗、中心公园、梧桐山
珠海	情侣路、圆明新园、外伶仃岛

图 7-11　三个城市的著名景区

获取每个城市的旅游景点的语句如下：

```
SELECT 城市,GROUP_CONCAT(景区) FROM 广深珠旅游景点 GROUP BY 城市;
```

运行结果如图 7-12 所示。

城市	GROUP_CONCAT(景区)
广州	白云山、中山纪念堂、花城广场、北京路、广州塔
深圳	世界之窗、中山公园、梧桐山
珠海	情侣路、圆明新园、外伶仃岛

图 7-12　各个城市的著名景区

拓展任务 7-3　显示名人数量少于 11 人的城市。

通过"名人所在城市"表，显示名人数量少于 11 人的城市及其名人数量，如图 7-13 所示。

统计名人数量少于 11 人的城市的语句如下：

```
SELECT 城市，COUNT(*) FROM 名人所在城市 GROUP BY 城市 HAVING COUNT(*)<11;
```

运行结果如图 7-14 所示。

城市	名人数量
深圳	10
珠海	3
潮州	8

图 7-13 名人数量少于 11 人的城市及名人数量

城市	COUNT(*)
▶ 深圳	10
珠海	3
潮州	8

图 7-14 拓展任务 7-3 的运行结果

拓展任务 7-4 先按照班级分类，再统计每个班级具体有哪几个社团。

分析"社团情况"表中每个班级的学生都参加了哪些社团，如图 7-15 所示。

先按照班级分类，再按照社团分类，删除重复记录，输入的语句如下：

```
SELECT DISTINCT 班级,社团 FROM 社团情况;
```

也可以使用 GROUP BY 代替 DISTINCT 进行二级分类，输入的语句如下：

```
SELECT 班级,社团 FROM 社团情况 GROUP BY 班级,社团;
```

运行结果如图 7-16 所示。

姓名	班级	社团
蔡陈星	网络2112	历史
曾浩	网络2113	历史
陈煌钦	网络2113	文学
陈木泉	网络2113	文学
陈一帆	网络2112	围棋
邓棋彬	网络2114	围棋
邓子健	网络2114	文学
傅国权	网络2112	历史
黄炳盛	网络2114	围棋
黄文杰	网络2112	历史

图 7-15 学生参加社团的情况

班级	社团
▶ 网络2112	历史
网络2113	历史
网络2114	文学
网络2114	围棋
网络2112	围棋
网络2113	文学

图 7-16 拓展任务 7-4 的运行结果

由图 7-15 可以观察到，在 10 条记录中有 4 条是重复的，这是因为同一个班级中有同一个社团的成员，并且出现了 4 次这种情况。

任务 3　数据排序

【任务分析】

小王对粤文创项目进行分析后得到的任务清单如下。

任务编号	任务内容
任务 7-4	按照车牌代码降序排列
拓展任务 7-5	通过"名人所在城市"表，按照名人数量升序排列，并且列出每位名人的名字
拓展任务 7-6	根据"成绩单"表，先将班级升序排列，再对每个班级的内部按照成绩降序排列

在日常生活和工作中经常会碰到需要排序的情况。排序可以分为以下几种。

（1）升序/降序：升序的关键字为 ASC，是默认情况；降序的关键字为 DESC。

（2）多列排序。

【知识储备】

示例 7-3　将地区表 area 按照车牌代码升序排列，如图 7-17 所示。

按照车牌代码升序排列的语句如下：

SELECT 中文名,车牌代码 FROM area **ORDER BY** 车牌代码;

运行结果如图 7-18 所示。

中文名	车牌代码
广州	粤 A
深圳	粤 B
珠海	粤 C

图 7-17　按照车牌代码对城市进行升序排列
（这里仅列举了 3 个城市）

中文名	车牌代码
▶ 广州	粤A
深圳	粤B
珠海	粤C

图 7-18　示例 7-3 的运行结果

上述语句省略了升序的关键字 ASC。

【任务实施】

任务 7-4　按照车牌代码降序排列。

将地区表 area 按照车牌代码对城市进行降序排列，如图 7-19 所示。

按照车牌代码对城市进行降序排列的语句如下：

SELECT 中文名,车牌代码 FROM area ORDER BY 车牌代码 **DESC**;

运行结果如图 7-20 所示。

中文名	车牌代码
云浮	粤 W
揭阳	粤 V
潮州	粤 U
中山	粤 T

图 7-19　按照车牌代码对城市进行降序排列（只列出 4 个城市）

中文名	车牌代码
▶ 云浮	粤W
揭阳	粤V
潮州	粤U

图 7-20　任务 7-4 的运行结果

拓展任务 7-5 通过"名人所在城市"表,按照名人数量升序排列,并且列出每位名人的名字(见图 7-21)。

城市	名人
珠海	苏兆征,杨匏安,唐国安
潮州	林大钦,黄仁勇,刘允,王大宝,李嘉诚,饶宗颐,陈伟南,孙大文
深圳	凌道扬,曾生,刘黑仔,赖恩爵,麦克·杨进华,汪公式,郑毓秀,蓝造,陈郁,黄耀庭
汕头	郑信,陈北科,翁万达,秦牧,郑正秋,马大猷,丘成桐,李宏平,陈弼臣,陈兴勤,马化腾

图 7-21 按照名人数量对城市进行升序排列

按照名人数量升序排列的语句如下:

```
SELECT 城市,GROUP_CONCAT(名人) FROM 名人所在城市 GROUP BY 城市 ORDER BY COUNT(*);
```

运行结果如图 7-22 所示。

城市	GROUP_CONCAT(名人)
▶ 珠海	唐国安,杨匏安,苏兆征
潮州	孙大文,王大宝,饶宗颐,陈伟南,刘允,李嘉诚,黄仁勇,林大钦
深圳	陈郁,黄耀庭,蓝造,郑毓秀,汪公式,麦克·杨进华,赖恩爵,刘黑仔,曾生,凌道扬

图 7-22 拓展任务 7-5 的运行结果

提示:使用 GROUP_CONCAT 函数能让同一个组的某个字段的值放到一行显示,而不是多行显示。

拓展任务 7-6 根据"成绩单"表,先将班级升序排列,再对每个班级的内部按照成绩降序排列。原始数据如图 7-23 所示。

输入的语句如下:

```
SELECT * FROM 成绩单 ORDER BY class,score DESC;
```

运行结果如图 7-24 所示。

Sname	class	score
蔡俊芬	211205	77
陈楚权	211204	66
陈广燊	211203	85
陈俊楠	211204	73
陈炜鑫	211203	97
戴剑豪	211203	81
甘怡	211205	70

图 7-23 原始数据

Sname	class	score
▶ 陈炜鑫	211203	97
陈广燊	211203	85
戴剑豪	211203	81
陈俊楠	211204	73
陈楚权	211204	66
蔡俊芬	211205	77
甘怡	211205	70

图 7-24 拓展任务 7-6 的运行结果

说明:这是一个两列排序任务,并且以 class 列排序为主。只有在同一个班级中,才进行 score 列的排序。

巩固与小结

本项目介绍了聚合函数、分组查询、分组查询与聚合函数的合作、排序 4 项内容，涉及的关键词有 DISTINCT、GROUP BY、ORDER BY、ASC、DESC、HAVING、LIMIT 和 WITH ROLLUP。常用的搭配如下。

- SELECT　SUM(*)：显示某个字段的总和。
- SELECT　AVG(*)：显示某个字段的平均值。
- SELECT　COUNT(*)：显示记录数。
- SELECT　DISTINCT：把每个组汇总成 1 行，用 *n* 行显示这 *n* 个组的信息。
- SELECT　GROUP BY：把每个组汇总成 1 行，用 *n* 行显示这 *n* 个组的信息。
- SELECT　SUM()　GROUP BY：求出每个组在某个字段的总和，用 *n* 行显示这 *n* 个组各自的和。
- SELECT　AVG()　GROUP BY：求出每个组在某个字段的平均值，用 *n* 行显示这 *n* 个组各自的平均值。
- SELECT　COUNT()　GROUP BY：求出每个组的记录数，用 *n* 行显示这 *n* 个组各自的数量。
- SELECT　SUM()　GROUP BY　WITH ROLLUP：求出每个组在某个字段上的总和，以及这个字段的总和。
- SELECT　ORDER BY　某个字段 ASC：按照某个字段的值进行升序排列。
- SELECT　ORDER BY　某个字段 DESC：按照某个字段的值进行降序排列。
- SELECT　GROUP BY　HAVING 条件：在每个组中使用某个条件进行过滤。
- SELECT　LIMIT：只显示指定范围内的若干条记录。

任务训练

【训练目的】

（1）掌握常用的基本函数。

（2）掌握分组语句。

（3）掌握排序语句。

【任务清单】

（1）根据菜品表 gkeodm_food 求出以下几项。

- 所有菜品的平均价格。
- 最贵的菜名及其价格。

- 最便宜的菜名及其价格。
- 价格超过 100 元的菜品的数目。

（2）根据菜品表 gkeodm_food 求出以下几项。

- 每类菜品的平均价格和总平均价格。
- 把每类菜品中的菜名列在一行显示。
- 显示每类菜品中最贵的那道菜及其价格。

（3）根据菜品表 gkeodm_food 求出以下几项。

- 按照菜品的价格降序排列。
- 先按照菜品的类别升序排列，在每个类别中再按照价格降序排列。

习题

1. 列举几个能使用 WITH ROLLUP 进行统计的函数。
2. 多列排序，如果都是降序，那么是否可以只使用一个 DESC？
3. GROUP_CONCAT 中的 CONCAT 是由哪个英语单词缩写得到的？
4. 简述 DISTINCT 与 GROUP BY 的区别。

项目 8
设置数据完整性与索引

【知识目标】

（1）理解数据完整性的内涵、作用及常用方式。

（2）理解索引及其分类。

【技能目标】

（1）会创建和管理数据完整性。

（2）会创建和管理索引。

（3）会根据需求设置数据完整性和索引。

【素养目标】

（1）养成从大局出发、全面综合考虑问题的习惯。

（2）养成考虑事物之间联系和相互影响的习惯。

（3）具备时刻注意优化和提效的能力。

【工作情境】

有人向小王反馈，在工作计划参与人员表 participant 中，有一个工作人员不是自己单位的员工。小王经过思考后发现，如果要求工作计划参与人员表 participant 中的人员一定要来自工作人员表 user，就可以避免出现以上问题，他计划通过数据完整性来确保数据一致，通过索引来提升查询效率。

【思维导图】

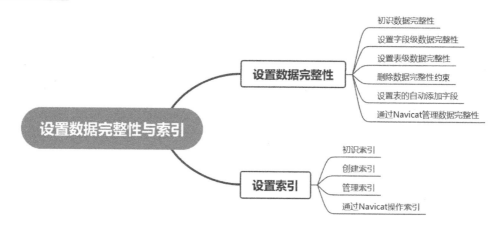

任务 1　设置数据完整性

【任务分析】

小王发现数据库的问题越来越多，如表中有相同的数据，有些数据明显是错误的，因此必须通过数据完整性来确保数据的正确性和有效性。

小王对粤文创项目进行分析后得到的任务清单如下。

任务编号	任务内容
任务 8-1	创建完善的地区表 area，并导入数据
任务 8-2	创建完善的民俗表 folk，并导入数据
任务 8-3	创建完善的名人表 celebrity，并导入数据
任务 8-4	创建完善的荣誉表 honor，并导入数据
任务 8-5	创建完善的工作人员表 user，并确保表中的记录不少于 5 条
任务 8-6	创建完善的工作计划表 plan，并确保表中的记录不少于 5 条
任务 8-7	创建完善的工作计划参与人员表 participant，并确保表中的记录不少于 5 条
任务 8-8	创建完善的工作计划项目表 planforproject，并确保表中的记录不少于 5 条

【知识储备】

1. 初识数据完整性

数据完整性是指对表中数据的一种约束，不仅能够帮助管理员更好地管理数据库，还能够确保数据库中数据的正确性和有效性。

数据完整性在任何时候都可以实施，但对已有数据的表实施数据完整性时，需要先检查表中的数据是否满足所实施的完整性，只有表中的数据满足所实施的完整性，才能实施成功。因此，在设计表时，应充分考虑数据完整性约束，在输入数据前应完成数据完整性约束的设置，确保数据库中的数据准确、一致，从而减少错误。

可以通过 CREATE TABLE 语句或 ALTER TABLE 语句来实现数据完整性约束。

MySQL 主要支持以下 6 种约束。

1）主键约束

某个班级中有两个学生叫张斌，老师叫张斌站起来回答问题，到底哪个张斌会站起来回答问题呢？

主键是表中的一个或一组特殊字段，该字段或字段组能唯一标识表中的每条记录。在一般情况下，要求每个表设置一个主键。主键约束是通过主键来约束数据的，是使用最频繁的约束。

例如，老师请学生站起来回答问题时，叫学号就能准确地找到对应的学生，即学号能唯一识别每个学生，所以学号是学生信息表的主键。

主键可以分为单字段主键和多字段联合主键。通过 PRIMARY KEY 关键字来指定主键。

在使用主键时应注意以下几点。

（1）每个表最多只能定义一个主键。

（2）主键值必须唯一标识表中的每条记录，并且不能为 NULL。

（3）一个字段只能在主键字段或主键字段组中出现一次。

（4）联合主键不能包含不必要的字段，即联合主键减少一个字段就不能成为主键。

2）外键约束

老师宣布，90 号学生的"数据库技术"课程的成绩不及格，该班级没有一个学生感到难受，因为该班级只有 50 个学生，根本没有 90 号学生。

外键一般是针对两个表而言的，其中一个表是引用表（从表或子表），另一个表是被引用表（主表或父表）。从表某个字段的值必须参照主表的主键值，从表的这个字段称为外键，即外键的值必须参照主表的主键值。通过外键能确保两个表或多个表数据之间的一致性。外键约束就是通过外键来约束数据的，一般使用 FOREIGN KEY 关键字。

例如，学号是学生信息表的主键，成绩表中也有学号字段，显然，成绩表中的学号只能是学生信息表中已有的学号值，否则学生成绩就没有意义。外键相当于做选择题，要从已有选项中选择（主表的数据），不能选择其他值或自己输入值。

在使用外键时应注意以下几点。

（1）在创建外键时，主表必须已经存在于数据库中，即先建主表再建从表。

（2）若主表和从表是同一个表，则称为自参照完整性，该表称为自参照表。

（3）主表必须定义主键，并且被引用的字段一定是主键或候选键。

（4）外键值只允许是空值 NULL 或指定主键中的值，不允许出现其他值。

（5）外键字段的数目必须和主表的主键字段的数目一致。

（6）外键字段的数据类型必须和主表的主键对应字段的数据类型一致。

（7）一个表可以有一个或多个外键。

（8）当主表的值正在被从表引用时，要先删除从表对应的记录，再删除主表中对应的记录，如果直接删除主表中对应的记录就会出错，即先删除从表数据再删除主表数据。

例如，学号"101101"在成绩表中有值，所以不能删除学生信息表中学号为"101101"的学生，因为一旦删除这个学生，成绩表中的这个学号就找不到主表的参照值，违反了外键约束。要先在成绩表中删除学号"101101"的所有记录，即成绩表中学号"101101"没有再被引用，此时才能删除学生信息表中学号"101101"对应的记录。

3）唯一约束

唯一约束是指所有记录中指定字段或字段组的值不能重复出现，因此，唯一约束与主键约束相似。但唯一约束允许有空值，主键约束不允许有空值。另外，唯一约束在一个表中可以有多个，主键约束在每个表中只能有一个。

例如，在学生信息表中，学号是主键，每个学生的学号都不一样。其实，在学生信息表中，每个学生的身份证号码、手机号、QQ号和微信号等都是不一样的，如果两个学生的身份证号码一致，就说明输入错误，因此，可以为身份证号码字段设置唯一约束，以减少数据错误。当然，在学生信息表中，如果不允许学生同名，那么可以把姓名设置为唯一约束。

可以通过 UNIQUE 关键字来设置唯一约束。

4）检查约束

假设"数据库技术"课程的成绩采用百分制，如果某个学生的成绩为 200 分，那么应该先考虑老师录入的成绩是否正确。

检查约束是用来检查数据表中指定字段的值是否有效的一种手段。因此，在输入字段值时，不仅要受数据类型的限制，还要受其他约束。

例如，性别的类型为 CHAR(2)，只能输入 2 个字符，输入 3 个字符就不对。但对于性别来说，只要不超过指定长度就可以吗？显然不是，在性别中输入"我"或"他们"都不对，因为在现实生活中，性别有特定的词，即"男"和"女"。

检查约束的应用很多。例如：成绩不能随便取值，取值范围一般是 0 至满分之间的闭区间；年龄也不能随便取值，取负数或很大的数（如 1000）都不对；政治面貌、职称、职务和籍贯等也有比较固定的取值，不能随便取值。

可以通过 CHECK 关键字来设置检查约束。在 MySQL 5.7 中可以使用检查约束，但其对数据验证没有任何作用，添加数据时也没有任何错误提示或警告。但是，MySQL 8.0 支持检查约束。

5）非空约束

在互联网上注册或输入信息时，经常看到有的字段标注了"*"，称为必填字段，为什么要这样做呢？

非空约束是指字段的值不能为空。对于设置了非空约束的字段，如果用户在添加数据时没有指定值，数据库系统就会报错。因此，在插入数据时，一定要仔细查看表的结构，了解哪些字段为非空字段。对于非空字段，在开发前台界面时，通过一些符号（如"*"）来提醒用户输入值，以减少数据库操作错误。

系统默认字段可以为空。要设置非空约束，可以通过 NOT NULL 关键字来实现。

6）默认值约束

在操作时，大多数用户一般不喜欢输入值，而喜欢选择值，因为选择操作简单。如果能什么都不做，就更好。例如，某个班级基本上是男生，在选择性别时，已经默认选中"男"单选按钮，性别选项基本不用操作。

默认值约束也称为缺省值约束，用来约束当数据表中的某个字段不输入值时，自动为其添加一个已经设置好的值。对于设置了非空约束的字段，通过设置默认值还可以减少错误。

在设置默认值时，从原则上来说，范围内的任意值都可以，但建议将该字段最可能的值作为默认值，这样可以大大减少工作量。

可以通过 DEFAULT 关键字来设置默认值约束。

2. 设置字段级数据完整性

数据的完整性约束可以在字段级设置，也可以在表级设置。

字段级数据完整性约束只对指定字段有意义，只影响单个字段。表级数据完整性约束可以跨字段设置，同时影响多个字段。因此，对多个字段同时设置某个数据完整性约束时，只能使用表级数据完整性约束。

在一般情况下，单个字段的数据完整性采用字段级设置，非空约束、默认值约束、检查约束一般只对单个字段有效。多个字段的数据完整性采用表级设置。

在定义表结构时，可以设置数据完整性，但表名已经存在，所以只能在修改表时设置完整性约束。当然，如果表中没有数据或数据比较少，那么可以先删除原来的表，再重新创建表结构。

1）在创建表时设置约束

创建字段级数据完整性约束，可以在字段数据类型后面添加数据完整性约束，具体方法如下：

```
CREATE TABLE [IF NOT EXISTS] 表名(字段名 字段类型 字段完整性约束[,字段名 字段类型 字段完整性约束,…]);
```

需要说明以下几点。

- [IF NOT EXISTS]：在创建表时，先检查表是否已经存在，如果表不存在就创建新表，如果当前数据库中已存在同名数据表，虽然不会提示出错，但会忽略本次操作，数据库的表是原来的表，而不是新建的表。
- 设置主键约束、非空约束和唯一约束：操作简单，只要把相应的关键字放在字段类型的后面即可。
- 设置默认值约束：格式为"DEFAULT 值"，其中"值"可以根据字段类型确定，可以是数字，也可以字符。如果是字符，就要加引号（单引号或双引号都可以）。
- 设置检查约束：格式为"CHECK(字段名 关系运算符 值 [[逻辑运算符 字段名 关系运算符 值]…])"；也可以使用"CHECK(字段名 IN(值列表))"，表示可取值列表中任意一个值。

示例 8-1 完成工作人员表 user 的完整性约束设置。工作人员表 user 的结构如表 8-1 所示。

表 8-1 工作人员表 user 的结构

字段名	数据类型	是否为空	约束	说明
userId	SMALLINT	NOT NULL	主键	工号
userName	VARCHAR (8)	NOT NULL	唯一	姓名
fkTitle	VARCHAR(10)	NOT NULL	实习研究员、助理研究员、副研究员、研究员	职称
gender	VARCHAR(2)	NOT NULL	男、女	性别
nation	VARCHAR(10)	NULL	默认汉族	民族
birthday	DATE	NULL		出生日期
nativePlace	VARCHAR(10)	NULL		籍贯
phone	VARCHAR(13)	NOT NULL		手机号

程序代码如下：

```
/*通过创建表来设置数据完整性*/
CREATE TABLE user(
userId SMALLINT NOT NULL PRIMARY KEY,        -- 设置主键约束、非空约束
userName VARCHAR (8) NOT NULL UNIQUE,        -- 设置非空约束、唯一约束
fkTitle VARCHAR(10) NOT NULL CHECK(fkTitle='实习研究员' OR fkTitle='助理研究员' OR
fkTitle='副研究员' OR fkTitle='研究员'),      -- 设置检查约束、非空约束
gender VARCHAR(2) NOT NULL CHECK(gender='男' OR gender='女'),
                                             -- 设置检查约束、非空约束
nation VARCHAR(10) NULL DEFAULT '汉族',       -- 设置默认值约束、可空约束
birthday DATE NULL,                          -- 设置可空约束
nativePlace VARCHAR(10) NULL,                -- 设置可空约束
```

```
phone VARCHAR(13) NOT NULL);          -- 设置非空约束
DESC user;                            -- 查看表结构
```

需要说明以下几点。

- 当命令代码比较长时，可以分行，但一定不要编写错误。在 MySQL 客户端，按 Enter 键不能再返回上一行修改命令，只能先放弃本次创建操作，再重新创建。
- userId 字段的非空约束可以省略，因为主键约束已隐含非空约束。
- 所有可空约束（NULL 约束）都可以省略，系统默认为 NULL。
- 上述代码中的"fkTitle='实习研究员' OR fkTitle='助理研究员' OR fkTitle='副研究员' OR fkTitle='研究员'"也可写成"fkTitle IN('实习研究员','助理研究员','副研究员','研究员')，"，这样更简洁。
- 如果表中已有数据，那么建议使用修改表的方式设置约束，这样也可以新建一个练习数据库。

运行结果如图 8-1 所示。

图 8-1　示例 8-1 的运行结果

2）在修改表时设置约束

当表中已有数据时，最好使用修改表的方式设置约束。主键约束、外键约束、检查约束的设置方法如下：

```
ALTER TABLE <表名> ADD [CONSTRAINT 约束名] PRIMARY KEY(字段列表)|FOREIGN KEY(字段名) REFERENCES 主表名称(字段名) | CHECK(字段名 关系运算符值 [[逻辑运算符 字段名 关系运算符值]…]| 字段名 IN(值列表));
```

默认值约束的设置方法如下：

```
ALTER TABLE <表名> ALTER 字段名 SET DEFAULT 默认值;
```

非空约束的设置方法如下：

```
ALTER TABLE <表名> MODIFY 字段名 字段类型 NOT NULL;
```

示例 8-2　通过修改表的方式完成工作人员表 user 的完整性约束设置。

程序代码如下：

```
/*创建没有约束的工作人员表user*/
CREATE TABLE user(userId SMALLINT,userName VARCHAR (8),fkTitle
```

```
VARCHAR(10),gender VARCHAR(2),nation VARCHAR(10),birthday DATE,nativePlace
VARCHAR(10),phone VARCHAR(13));
/*添加约束*/
ALTER TABLE user ADD CONSTRAINT pk_userId PRIMARY KEY(userId); -- 设置主键约束、非空约束
ALTER TABLE user MODIFY userName VARCHAR(8) NOT NULL;            -- 设置非空约束
ALTER TABLE user ADD CONSTRAINT uni_userName UNIQUE(userName); -- 设置唯一约束
ALTER TABLE user MODIFY fkTitle VARCHAR(10) NOT NULL;          -- 设置非空约束
ALTER TABLE user MODIFY phone VARCHAR (13) NOT NULL;           -- 设置非空约束
ALTER TABLE user ADD CONSTRAINT chk_fkTitle CHECK(fkTitle IN('实习研究员','助理研
究员','副研究员','研究员'));                                    -- 设置检查约束
ALTER TABLE user ADD CONSTRAINT chk_gender CHECK(gender='男' OR gender='女');
                                                               -- 设置检查约束
ALTER TABLE user ALTER nation  SET DEFAULT '汉族';
DESC user;                                                      -- 查看表结构
```

示例 8-3 通过修改表的方式完成工作计划参与人员表 participant 的完整性约束设置。工作计划参与人员表 participant 的结构如表 8-2 所示。

表 8-2 工作计划参与人员表 participant 的结构

字段名	数据类型	是否为空	约束	说明
id	INT	NOT NULL	主键	记录编号
planId	INT	NOT NULL		计划编号
userId	SMALLINT	NOT NULL	外键	工号
duty	VARCHAR(1000)	NOT NULL		工作职责
requirement	VARCHAR(1000)	NULL		工作要求
remarks	VARCHAR(500)	NULL		备注

程序代码如下:

```
/*创建没有约束的工作计划参与人员表participant*/
CREATE TABLE participant(id INT,planId INT,userId SMALLINT,duty
VARCHAR(1000),requirement VARCHAR(1000),remarks VARCHAR(500));
/*添加约束*/
ALTER TABLE participant ADD CONSTRAINT pk_id PRIMARY KEY(id); -- 设置主键约束、非空约束
ALTER TABLE participant MODIFY planId INT NOT NULL;           -- 设置非空约束
ALTER TABLE participant MODIFY userId SMALLINT NOT NULL;      -- 设置非空约束
ALTER TABLE participant MODIFY duty VARCHAR(1000) NOT NULL; -- 设置非空约束
ALTER TABLE participant ADD CONSTRAINT fk_userId FOREIGN KEY(userId) REFERENCES
user(userId);                                                 -- 设置外键约束
DESC participant;                                             -- 查看表结构
```

运行结果如图 8-2 所示。

图 8-2　示例 8-3 的运行结果

3. 设置表级数据完整性

1）在创建表时设置约束

创建表级数据完整性（字段的定义与表级数据完整性的定义要分开设置）的语法格式如下：

```
CREATE TABLE [IF NOT EXISTS] 表名(字段名 字段类型 字段完整性约束[,字段名 字段类型 字段完整
性约束,…] [,表完整性约束…]);
```

需要说明以下几点。

- 字段级数据完整性可以与表级数据完整性同时设置。
- 表级数据完整性的定义不能放在字段定义中，需要单独定义。可以在特定字段定义后设置表级数据完整性，也可以在完成所有字段定义后再设置所有表级数据完整性。
- 设置主键约束可以用"[CONSTRAINT 约束名]PRIMARY KEY(字段列表)"，设置唯一约束可以用"[CONSTRAINT 约束名]UNIQUE(字段列表)"。两者的字段列表可以是一个字段也可以是多个字段。
- 设置检查约束的格式为"[CONSTRAINT 约束名] CHECK(字段名 关系运算符 值 [[逻辑运算符 字段名 关系运算符 值]…])"；也可以使用"CHECK(字段名 IN(值列表)"，表示可取值列表中任意一个值。
- 设置外键约束的格式为"[CONSTRAINT 约束名]FOREIGN KEY(字段名)REFERENCES 主表名(主键字段)"。

示例 8-4　通过设置表级数据完整性来完成工作人员表 user 的完整性约束设置。

程序代码如下：

```
USE GDCI
/*通过创建表来设置数据完整性*/
CREATE TABLE user(
/*定义字段和设置字段级数据完整性约束*/
userId SMALLINT NOT NULL,
userName VARCHAR (8) NOT NULL,
fkTitle VARCHAR(10) NOT NULL,
gender VARCHAR(2) NOT NULL,
nation VARCHAR(10) NULL DEFAULT '汉族', -- 设置默认值约束、可空约束
```

```
birthday DATE NULL,
nativePlace VARCHAR(10) NULL,
phone VARCHAR(13) NOT NULL,
/*设置表级数据完整性*/
PRIMARY KEY(userId),                 -- 设置主键约束、非空约束
UNIQUE(userName),                    -- 设置唯一约束
CHECK(fkTitle IN('实习研究员','助理研究员','副研究员','研究员')), -- 设置检查约束、非空约束
CHECK(gender='男' OR gender='女')  -- 设置检查约束、非空约束
);
DESC user;                           -- 查看表结构
```

示例 8-5　通过设置表级数据完整性来完成工作计划参与人员表 participant 的完整性约束设置。

程序代码如下：

```
USE GDCI
/*通过创建表来设置数据完整性*/
CREATE TABLE participant(
/*定义字段和设置字段级数据完整性约束*/
id INT,
planId INT NOT NULL,                 -- 设置非空约束
userId SMALLINT NOT NULL,            -- 设置非空约束
duty VARCHAR(1000) NOT NULL,         -- 设置非空约束
requirement VARCHAR(1000) ,
remarks VARCHAR(500) ,
/*设置表级约束*/
PRIMARY KEY(id),                     -- 设置主键约束
CONSTRAINT fk_userId FOREIGN KEY(userId) REFERENCES user(userId)  -- 设置外键约束
);
DESC participant;                    -- 查看表结构
```

2）在修改表时设置约束

当通过修改表的方式设置数据完整性约束时，设置字段级数据完整性和设置表级数据完整性的方法基本一致，只是影响的字段数目可能不同。

4. 删除数据完整性约束

在删除数据完整性约束时，可能需要通过约束名来识别约束。可以通过 SHOW CREATE TABLE 语句来查询表中所有字段和约束的设置情况。在设置约束时，如果没有指定约束名，很多时候系统就会自动生成一个约束名。

（1）删除主键约束，操作方法如下：

```
ALTER TABLE <表名>  DROP PRIMARY KEY;
```

（2）删除外键约束，操作方法如下：

```
ALTER TABLE <表名> DROP FOREIGN KEY 约束名;
```
　　或者:
```
ALTER TABLE <表名> DROP CONSTRAINT 约束名;
```
　　（3）删除非空约束，操作方法如下:
```
ALTER TABLE <表名> MODIFY 字段名 字段类型 [NULL];
```
　　（4）删除唯一约束，操作方法如下:
```
ALTER TABLE <表名> DROP CONSTRAINT 约束名;
```
　　（5）删除默认值约束，操作方法如下:
```
ALTER TABLE <表名> MODIFY 字段名 字段类型;
```
　　或者:
```
ALTER TABLE <表名> ALTER COLUMN 字段名 DROP DEFAULT;
```
　　（6）删除检查约束，操作方法如下:
```
ALTER TABLE <表名> DROP CONSTRAINT 约束名;
```

　　示例 8-6　删除工作计划参与人员表 participant 中的完整性约束。

　　程序代码如下:

```
USE GDCI
SHOW CREATE TABLE user;                              -- 查看表中的约束名
ALTER TABLE user DROP PRIMARY KEY;                   -- 删除主键约束
ALTER TABLE user  DROP CONSTRAINT username;          -- 删除姓名的唯一约束
ALTER TABLE user  DROP CONSTRAINT user_chk_1;        -- 删除职称的检查约束
ALTER TABLE user  DROP CONSTRAINT user_chk_2;        -- 删除性别的检查约束
ALTER TABLE user ALTER COLUMN nation DROP DEFAULT;   -- 删除民族的默认值约束
ALTER TABLE user MODIFY userId SMALLINT;             -- 删除非空约束
ALTER TABLE user MODIFY userName VARCHAR (8);        -- 删除非空约束
ALTER TABLE user MODIFY fkTitle VARCHAR(10);         -- 删除非空约束
ALTER TABLE user MODIFY gender VARCHAR(2);           -- 删除非空约束
ALTER TABLE user MODIFY phone VARCHAR(13);           -- 删除非空约束
DESC user;                                           -- 查看表结构
```

　　运行结果如图 8-3 所示。

```
mysql> DESC user; -- 查看表结构
+-------------+-------------+------+-----+---------+-------+
| Field       | Type        | Null | Key | Default | Extra |
+-------------+-------------+------+-----+---------+-------+
| userId      | smallint    | YES  |     | NULL    |       |
| userName    | varchar(8)  | YES  |     | NULL    |       |
| fkTitle     | varchar(10) | YES  |     | NULL    |       |
| gender      | varchar(2)  | YES  |     | NULL    |       |
| nation      | varchar(10) | YES  |     | NULL    |       |
| birthday    | date        | YES  |     | NULL    |       |
| nativePlace | varchar(10) | YES  |     | NULL    |       |
| phone       | varchar(13) | YES  |     | NULL    |       |
+-------------+-------------+------+-----+---------+-------+
```

图 8-3　示例 8-6 的运行结果

5. 设置表的自动添加字段

1）设置自动添加字段

在数据库应用中，系统会自动生成字段的主键值，即自动编号或自动添加字段。自动编号可用 AUTO_INCREMENT 关键字设置，设置自动编号的字段必须是 INT、TINYINT、SMALLINT 等整数类型。在默认情况下，自动编号的初始值和增量都是 1，并且不管是否删除记录，每次都是上次的最大值加 1。设置自动编号的语法格式如下：

CREATE TABLE [IF NOT EXISTS] 表名 (字段名 字段类型 AUTO_INCREMENT 字段完整性约束 [,字段名 字段类型 字段完整性约束,…]);

2）设置字段备注

通过设置字段备注，可以帮助阅读者了解字段的含义。特别是当文档资料不慎丢失，没有办法查询数据字典时，单凭字段名不一定能很好地理解字段的内涵，此时设置字段备注是一种很好的方法。设置字段备注的语法格式如下：

CREATE TABLE [IF NOT EXISTS] 表名 (字段名 字段类型 字段完整性约束 COMMENT '字段备注' [,字段名 字段类型 字段完整性约束 COMMENT '字段备注',…]);

示例 8-7　完成新工作计划参与人员表 participantn 的完整性约束设置。新工作计划参与人员表 participantn 的结构如表 8-3 所示。

表 8-3　新工作计划参与人员表 participantn 的结构

字段名	数据类型	是否为空	约束	说明
id	INT	NOT NULL	主键、自动增加	记录编号
remarks	VARCHAR(500)	NULL		备注

程序代码如下：

```
CREATE TABLE participantn(
id INT AUTO_INCREMENT PRIMARY KEY COMMENT '记录编号',  -- 设置自动增加、带备注等
remarks VARCHAR(500) COMMENT '备注'                     -- 带备注
);
DESC participantn; -- 查看表结构
```

运行结果如图 8-4 所示。

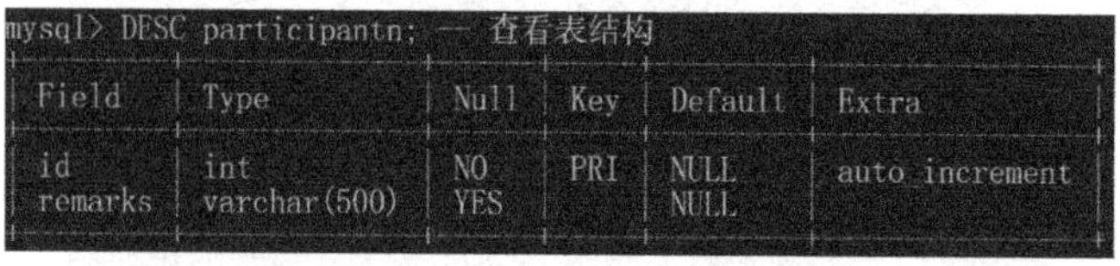

图 8-4　示例 8-7 的运行结果

6. 通过 Navicat 管理数据完整性

启动 Navicat，连接数据库服务器后，先选中指定数据库，再执行以下操作。

（1）选中工作人员表 user 并进入设计模式，切换至"字段"选项卡，选定字段后右击，在快捷菜单中选择"主键"命令，设置表的主键。

（2）选中工作人员表 user 并进入设计模式，切换至"字段"选项卡，选定字段后，在字段列表下方的"默认："框中输入默认值。

（3）选中工作计划参与人员表 participant 并进入设计模式，切换至"外键"选项卡，显示所有外键，单击外键列表上方的"添加外键"按钮，输入外键名，选择从表及从表字段、主表及主表主键等，保存外键，如图 8-5 所示。选中指定外键，单击"删除外键"按钮可以删除外键。

图 8-5　创建外键

（4）设置选项。

选中工作计划参与人员表 participant 并进入设计模式，切换至"选项"选项卡，设置引擎、字符集、自动递增的增长值等信息，如图 8-6 所示。

图 8-6　"选项"选项卡

【任务实施】

任务 8-1　创建完善的地区表 area，并导入数据。

地区表 area 的结构如表 8-4 所示。

表 8-4　地区表 area 的结构

字段名	数据类型	是否为空	约束	说明
areaNumber	CHAR(6)	NOT NULL	主键	地区编号
chineseName	VARCHAR(10)	NOT NULL		中文名

续表

字段名	数据类型	是否为空	约束	说明
foreignName	VARCHAR(40)	NULL		外文名
alias	VARCHAR(40)	NULL		别名
geographicalPosition	VARCHAR(40)	NULL		地理位置
area	DECIMAL(9,2)	NOT NULL		面积
populationSize	INT	NOT NULL		人口数量
areaCode	CHAR(4)	NOT NULL		电话区号
licensePlateCode	CHAR(4)	NOT NULL		车牌代码

分析：经过一段时间的操作，前面的数据库存在一定的问题。虽然通过数据完整性约束可以有效地解决其中的一些问题，但是建议新建一个数据库再操作。地区表 area 有主键约束，地区编号不能重复。

程序代码如下：

```
CREATE TABLE area(
areaNumber CHAR(6) NOT NULL PRIMARY KEY COMMENT '地区编号',
chineseName VARCHAR(10) NOT NULL COMMENT '中文名',
foreignName VARCHAR(40) NULL COMMENT '外文名',
alias VARCHAR(40) NULL COMMENT '别名',
geographicalPosition VARCHAR(40) NULL COMMENT '地理位置',
area Decimal(9,2) NOT NULL COMMENT '面积',
populationSize INT NOT NULL COMMENT '人口数量',
areaCode CHAR(4) NOT NULL COMMENT '电话区号',
licensePlateCode CHAR(4) NOT NULL COMMENT '车牌代码'
);
```

任务 8-2 创建完善的民俗表 folk，并导入数据。

民俗表 folk 的结构如表 8-5 所示。

表 8-5 民俗表 folk 的结构

字段名	数据类型	是否为空	约束	说明
id	INT	NOT NULL	主键，自动增加	记录编号
fkAreaNumber	CHAR(6)	NOT NULL	外键	地区编号
folkName	VARCHAR(30)	NOT NULL		民俗名称
folkIntroduction	VARCHAR(1000)	NULL		民俗介绍

分析：民俗表 folk 设置了自动增加的主键约束，外键地区编号的值必须来自地区表 area 的地区编号。

程序代码如下：

```
CREATE TABLE folk(
id INT NOT NULL AUTO_INCREMENT PRIMARY KEY COMMENT '记录编号',
```

```
fkAreaNumber CHAR(6) NOT NULL COMMENT '地区编号',
folkName VARCHAR(30) NOT NULL COMMENT '民俗名称',
folkIntroduction VARCHAR(1000) NULL COMMENT '民俗介绍',
FOREIGN KEY(fkAreaNumber) REFERENCES area(areaNumber)
);
```

任务 8-3　创建完善的名人表 celebrity，并导入数据。

名人表 celebrity 的结构如表 8-6 所示。

表 8-6　名人表 celebrity 的结构

字段名	数据类型	是否为空	约束	说明
id	INT	NOT NULL	主键，自动增加	记录编号
fkAreaNumber	CHAR(6)	NOT NULL	外键	地区编号
celebrityName	VARCHAR(8)	NOT NULL		姓名
profile	VARCHAR(1000)	NULL		人物简介

分析：名人表 celebrity 设置了自动增加的主键约束，外键地区编号的值必须来自地区表 area 的地区编号。

程序代码如下：

```
CREATE TABLE celebrity(
id INT NOT NULL AUTO_INCREMENT PRIMARY KEY COMMENT '记录编号',
fkAreaNumber CHAR(6) NOT NULL COMMENT '地区编号',
celebrityName VARCHAR(8) NOT NULL COMMENT '姓名',
profile VARCHAR(1000) NULL COMMENT '人物简介',
FOREIGN KEY(fkAreaNumber) REFERENCES area(areaNumber)
);
```

任务 8-4　创建完善的荣誉表 honor，并导入数据。

荣誉表 honor 的结构如表 8-7 所示。

表 8-7　荣誉表 honor 的结构

字段名	数据类型	是否为空	约束	说明
id	INT	NOT NULL	主键，自动增加	记录编号
fkAreaNumber	CHAR(6)	NOT NULL	外键	地区编号
honoraryTitle	VARCHAR(200)	NOT NULL		荣誉称号

分析：荣誉表 honor 设置了自动增加的主键约束，外键地区编号的值必须来自地区表 area 的地区编号。

程序代码如下：

```
CREATE TABLE honor(
id INT NOT NULL AUTO_INCREMENT PRIMARY KEY COMMENT '记录编号',
fkAreaNumber CHAR(6) NOT NULL COMMENT '地区编号',
```

```
honoraryTitle VARCHAR(200) NOT NULL COMMENT '荣誉称号',
FOREIGN KEY(fkAreaNumber) REFERENCES area(areaNumber)
);
```

任务 8-5　创建完善的工作人员表 user，并确保表中的记录不少于 5 条。

工作人员表 user 的结构如表 8-8 所示。

表 8-8　工作人员表 user 的结构

字段名	数据类型	是否为空	约束	说明
userId	SMALLINT	NOT NULL	主键，自动增加	工号
userName	VARCHAR (8)	NOT NULL		姓名
fkTitle	VARCHAR(10)	NOT NULL	实习研究员、助理研究员、副研究员、研究员	职称
gender	VARCHAR(2)	NOT NULL	男、女	性别
nation	VARCHAR(10)	NULL	默认汉族	民族
birthday	DATE	NULL		出生日期
nativePlace	VARCHAR(10)	NULL		籍贯
phone	VARCHAR(13)	NOT NULL		手机号

分析：工作人员表 user 的各种约束比较多，在创建表结构时要小心操作，并且输入的数据必须满足要求。

程序代码如下：

```
CREATE TABLE user(
userId SMALLINT NOT NULL AUTO_INCREMENT PRIMARY KEY COMMENT '工号',
userName VARCHAR (8) NOT NULL COMMENT '姓名',
fkTitle VARCHAR(10) NOT NULL CHECK(fkTitle IN('实习研究员','助理研究员','副研究员','研究员')) COMMENT '职称',
gender VARCHAR(2) NOT NULL CHECK(gender='男' OR gender='女') COMMENT '性别',
nation VARCHAR(10) NULL DEFAULT '汉族' COMMENT '民族',
birthday DATE NULL COMMENT '出生日期',
nativePlace VARCHAR(10) NULL COMMENT '籍贯',
phone VARCHAR(13) NOT NULL COMMENT '手机号'
);
INSERT INTO user(username, fkTitle, gender, nation ,birthday, nativePlace,
phone) VALUES
("张宏峰","副研究员","男","汉族","1986-10-09","广东广州","138383XX383"),
("陈醇","副研究员","男","汉族","1986-8-1","广西南宁","131123XX678"),
("张建国", "助理研究员", "男", "汉族", "1980-1-29", "湖南长沙", "132123XX321"),
("李欣","助理研究员","女","汉族","1992-6-1","江西南昌","133333XX666"),
("李大为", "实习研究员", "男", "汉族", "2000-11-19", "广东惠州", "136363XX383");
```

任务 8-6　创建完善的工作计划表 plan，并确保表中的记录不少于 5 条。

工作计划表 plan 的结构如表 8-9 所示。

表 8-9　工作计划表 plan 的结构

字段名	数据类型	是否为空	约束	说明
planId	INT	NOT NULL	主键，自动增加	计划编号
planName	VARCHAR(60)	NOT NULL		计划名称
planMaker	SMALLINT	NOT NULL	外键	制订者工号
releaseTime	DATE	NOT NULL		发布时间
planReviewer	SMALLINT	NOT NULL	外键	审核者工号
auditTime	DATE	NULL		审核时间
startTime	DATE	NULL		计划开始时间
endTime	DATE	NULL		计划结束时间
planContent	VARCHAR(1000)	NOT NULL		计划内容

程序代码如下：

```
CREATE TABLE plan(
planId INT NOT NULL AUTO_INCREMENT PRIMARY KEY COMMENT '计划编号',
planName VARCHAR(60) NOT NULL COMMENT '计划名称',
planMaker SMALLINT NOT NULL COMMENT '制订者工号',
releaseTime DATE NOT NULL COMMENT '发布时间',
planReviewer SMALLINT NOT NULL COMMENT '审核者工号',
auditTime DATE NULL COMMENT '审核时间',
startTime DATE NULL COMMENT '计划开始时间',
endTime DATE NULL COMMENT '计划结束时间',
planContent VARCHAR(1000) NOT NULL COMMENT '计划内容',
FOREIGN KEY(planMaker) REFERENCES user(userId) ,
FOREIGN KEY(planReviewer) REFERENCES user(userId)
);
SELECT * FROM user;-- 查询工作人员的编号
INSERT INTO
plan(planName,planMaker,releaseTime,planReviewer,auditTime,startTime,endTime,
planContent) VALUES
("2023春云浮行", 1, "2023-01-31", 2, "2023-1-29", "2023-4-1", "2023-4-5", "云浮石材
博览中心、长岗坡渡槽、六祖故里旅游度假区、大云雾山旅游区、郁南兰寨、水东明清古村落"),
("2023春汕尾行", 1, "2023-2-5", 3, "2023-2-1", "2023-4-1", "2023-4-3", "凤山祖庙、
莲花山、玄武山、红海湾、红宫红场、观音岭"),
("2023春阳江行", 1, "2023-2-13", 4, "2023-2-12", "2023-2-14", "2023-2-15", "海陵
岛、凌霄岩、东湖星岛、沙扒湾、鸡笼顶、十里银滩、大澳渔村"),
("2023春韶关行", 1, "2023-2-13", 4, "2023-2-12", "2023-2-14", "2023-2-15", "大澳渔
村、海陵岛、凌霄岩、沙扒湾"),
("2023春河源行", 1, "2023-2-13", 4, "2023-2-12", "2023-2-14", "2023-2-15", "河源市
万绿湖风景区、巴伐利亚庄园、春沐源小镇"),
("2023春揭阳行", 1, "2023-2-13", 4, "2023-2-12", "2023-2-14", "2023-2-15", "揭阳
楼、进贤门、黄岐山、揭阳学宫、揭东万竹园"),
```

("2023春江门行", 1, "2023-2-13", 4, "2023-2-12", "2023-2-14", "2023-2-15", "开平碉楼、小鸟天堂、上下川岛、帝都温泉"),

("2023春湛江行", 1, "2023-2-13", 4, "2023-2-12", "2023-2-14", "2023-2-15", "湖光岩、观海长廊、寸金桥公园、广州湾法国公使署、鼎龙湾");

任务 8-7 创建完善的工作计划参与人员表 participant，并确保表中的记录不少于 5 条。

工作计划参与人员表 participant 的结构如表 8-10 所示。

表 8-10 工作计划参与人员表 participant 的结构

字段名	数据类型	是否为空	约束	说明
id	INT	NOT NULL	主键，自动增加	记录编号
planId	INT	NOT NULL	外键	计划编号
userId	SMALLINT	NOT NULL	外键	工号
duty	VARCHAR(1000)	NOT NULL		工作职责
requirement	VARCHAR(1000)	NULL		工作要求
remarks	VARCHAR(500)	NULL		备注

程序代码如下：

```
CREATE TABLE participant(
id INT NOT NULL AUTO_INCREMENT PRIMARY KEY COMMENT '记录编号',
planId INT NOT NULL COMMENT '计划编号',
userId SMALLINT NOT NULL COMMENT '工号',
duty VARCHAR(1000) NOT NULL COMMENT '工作职责',
requirement VARCHAR(1000) NULL COMMENT '工作要求',
remarks VARCHAR(500) NULL COMMENT '备注',
FOREIGN KEY(planId) REFERENCES plan(planId) ,
FOREIGN KEY(userId) REFERENCES user(userId)
);
INSERT INTO participant(planId,userId,duty,requirement,remarks) VALUES
(1, 5, "解说员", "持证上岗", "无"),
(1, 2, "领队", "组织能力强", "无"),
(2, 3, "领队", "组织能力强", "无"),
(3, 4, "领队", "组织能力强", "无"),
(4, 5, "解说员", "持证上岗", "无");
```

任务 8-8 创建完善的工作计划项目表 planforproject，并确保表中的记录不少于 5 条。

工作计划项目表 planforproject 的结构如表 8-11 所示。

表 8-11 工作计划项目表 planforproject 的结构

字段名	数据类型	是否为空	约束	说明
id	INT	NOT NULL	主键，自动增加	记录编号
planId	INT	NOT NULL	外键	计划编号

续表

字段名	数据类型	是否为空	约束	说明
projectId	INT	NOT NULL		活动项目编号，可以是民俗记录编号、名人记录编号或荣誉记录编号
type	INT	NOT NULL		活动类型：0 表示民俗类型，1 表示名人类型，2 表示城市荣誉
remarks	VARCHAR(500)	NULL		备注

程序代码如下：

```
CREATE TABLE planforproject(
id INT NOT NULL AUTO_INCREMENT PRIMARY KEY COMMENT '记录编号',
planId INT NOT NULL COMMENT '计划编号',
projectId INT NOT NULL COMMENT '活动项目编号',
type INT NOT NULL COMMENT '活动类型',
remarks VARCHAR(500) NULL COMMENT '备注',
FOREIGN KEY(planId) REFERENCES plan(planId)
);
INSERT INTO planforproject(planId, projectId, type,remarks) VALUES planId
(1,1,1,"无"),(1,2,1,"无"),(2,1,2,"无"),(3,1,2,"无"),(4,1,3,"无");
```

任务 2　设置索引

 【任务分析】

粤文创数据库中部分表的数据量比较大，小王觉得系统反应太慢，想通过索引来提高查询效率。

小王对粤文创项目进行分析后得到的任务清单如下。

任务编号	任务内容
任务 8-9	为工作人员表 user 的用户名字段 userName 建立唯一索引 iuserName，按照升序排列
任务 8-10	为工作计划参与人员表 participant 的计划编号字段 planId 创建普通索引 iplanId，按照降序排列

 【知识储备】

1. 初识索引

很多考生喜欢开卷考试，因为可以带教材进入考场寻找答案。如果要求把教材的目录封起来，那么考生又不是那么高兴了，因为通过目录寻找答案比较快。

在关系数据库中，索引是一种特殊的数据库结构，由数据表中的一列或多列组合而成，可以用来快速查询数据表中有某个特定值的记录。索引的作用相当于图书的目录，利用目录能提高图书查询速度，而利用索引能提高在数据表中查询数据的速度。

使用索引不仅能大大加快数据的查询速度，还能保证数据的唯一性（唯一索引），在实现数据参照完整性时，可以快速执行数据表与数据表之间的连接操作。但创建和维护索引需要耗费时间，并且随着数据量的增加，所耗费的时间也会增加。索引不仅需要占用磁盘空间，还需要时间动态维护，所以索引并不是越多越好，应根据实际需求科学、合理地规划索引。

1）索引的分类

（1）普通索引：由 KEY 或 INDEX 定义的索引，是 MySQL 中的基本索引类型，可以创建在任何数据类型中。

（2）唯一索引：添加关键字 UNIQUE 的索引。该索引所在字段的值必须是唯一的。

（3）全文索引：添加关键字 FULLTEXT 的索引。这是一种特殊类型的索引，用来查找文本中的关键词，而不是直接比较索引中的值。全文索引适用于 MATCH AGAINST 操作，而不是普通的 WHERE 操作。全文索引支持各种字符内容的搜索，包括 CHAR 类型、VARCHAR 类型和 TEXT 类型，也支持自然语言搜索和布尔搜索。

（4）空间索引：添加关键字 SPATIAL 的索引，只能创建在空间数据类型的字段上。MyISAM 表支持空间索引，可以用作地理数据存储。空间索引无须前缀查询。

2）创建索引的注意事项

（1）表的主键约束、唯一约束和外键约束必须有索引，在设置数据完整性约束时自动创建对应的索引。

（2）高频使用的连接字段应该创建索引。

（3）高频使用的条件字段应该创建索引。

（4）索引应该建立在取值广泛的字段上，如性别字段一般只有两三个值，不适合创建索引。

（5）索引应该建立在值内容不多的小字段上，对于内容比较多的文本字段甚至超长字段，不需要创建索引。

（6）频繁进行数据操作的表不需要创建太多的索引，单个表中索引的数量最好不要超过 5 个。

2. 创建索引

1）直接创建索引

创建索引使用 CREATE INDEX 语句，语法格式如下：

```
CREATE [UNIQUE|FULLTEXT|SPATIAL] INDEX <索引名> ON <表名> (<字段名> [<长度>] [ ASC | DESC]);
```

需要说明以下几点。

- UNIQUE、FULLTEXT、SPATIAL 索引类型选择，如果指定索引类型表示普通索引，那么默认为普通索引。
- 在一个表中可以创建多个索引，但表中的索引名称必须是唯一的。
- 表名用来指定要创建索引的表，索引不能单独存在，一定要依附某个表。
- 字段名即索引字段；长度为可选项，指定使用字段的前 length 个字符来创建索引，一般省略；ASC 指定索引按照升序来排列，系统默认为 ASC；DESC 指定索引按照降序来排列。

示例 8-8　新建表 T(ID INT,N CHAR(5))，并为 N 创建唯一索引 iname，按照升序排列。

程序代码如下：

```
DROP TABLE IF EXISTS T;
CREATE TABLE T(ID INT,N CHAR(5));
CREATE UNIQUE INDEX iname ON T(N);
```

2）在创建表时创建索引

在创建表时创建索引，语法格式如下：

```
CREATE TABLE 表名(字段定义,[UNIQUE|FULLTEXT|SPATIAL] INDEX <索引名> (<列名> [<长度>]
[ ASC | DESC]));
```

示例 8-9　新建表 T(ID INT,N CHAR(5))，并为 N 创建普通索引 iname，按照降序排列。

程序代码如下：

```
DROP TABLE IF EXISTS T;
CREATE TABLE T(ID INT,N CHAR(5), INDEX iname(N DESC));
```

3）在修改表时创建索引

在修改表时也可以创建索引，语法格式如下：

```
ALTER TABLE 表名 ADD 索引类型 INDEX [索引名] (<字段名> [<长度>] [ ASC | DESC]);
```

示例 8-10　先新建表 T(ID INT,N CHAR(5))，再修改表，并为字段 N 创建唯一索引 iname，按照降序排列。

程序代码如下：

```
DROP TABLE IF EXISTS T;
CREATE TABLE T(ID INT,N CHAR(5));
ALTER TABLE T ADD UNIQUE INDEX iname (N DESC);
```

3. 管理索引

1）查看索引

可以使用 SHOW INDEX 语句查看索引，语法格式如下：

```
SHOW INDEX FROM <表名>;
```

2）删除索引

可以使用 DROP INDEX 语句删除索引，语法格式如下：

```
DROP INDEX 索引名 ON 表名;
```

示例 8-11 查看表 T 的索引，先删除索引，再删除该表。

程序代码如下：

```
SHOW INDEX FROM T;
DROP INDEX iname ON T;
DROP TABLE T;
```

4. 通过 Navicat 操作索引

启动 Navicat，连接 MySQL 服务器，先选中指定的数据库，再选中工作人员表 user，进入设计模式，切换至"索引"选项卡，显示所有索引。

（1）单击"添加索引"按钮，输入索引名，指定索引字段、索引类型等，保存索引，如图 8-7 所示。

图 8-7 设置唯一索引

（2）选中索引后单击"删除索引"按钮可以删除索引。

【任务实施】

任务 8-9 为工作人员表 user 的用户名字段 userName 建立唯一索引 iuserName，按照升序排列。

程序代码如下：

```
CREATE UNIQUE INDEX iuserName ON user(userName ASC);
```

任务 8-10 为工作计划参与人员表 participant 的计划编号字段 planId 创建普通索引 iplanId，按照降序排列。

程序代码如下：

```
CREATE INDEX iplanId ON participant(planId DESC);
```

巩固与小结

（1）了解数据完整性的内涵。

（2）6 种数据完整性约束为主键约束、外键约束、唯一约束、检查约束、非空约束和默认值约束。

（3）在一般情况下，单字段的约束常用字段级约束，多字段的约束常用表级约束。可以在定义表结构时设置约束，也可以在修改表时设置约束。

（4）掌握删除约束的方法。

（5）了解索引的内涵及分类。

（6）掌握创建和管理索引的方法。

任务训练

【训练目的】

（1）会创建和管理数据完整性。

（2）会创建和管理索引。

（3）会根据需求设计数据完整性和索引。

【任务清单】

（1）先创建用户表 gkeodm_user，再输入记录，并且输入的记录要不少于 5 条。用户表 gkeodm_user 的结构如表 8-12 所示。

表 8-12　用户表 gkeodm_user 的结构

字段名	数据类型	是否为空	约束	说明
userId	BIGINT(20)	否	主键	用户编号
userName	VARCHAR(30)	否	默认值为空字符	用户名
password	VARCHAR(100)	否	默认值为空字符	登录密码
userType	INT(11)	否	0 表示普通用户，1 表示管理员，默认值为 0	用户类型
lastLoginTime	BIGINT(20)	否	默认值为 0	最后登录时间（毫秒）
enabled	INT(11)	否	0 表示可用，1 表示禁用，默认值为 0	是否禁用

（2）先创建餐桌表 gkeodm_table，再输入记录，并且输入的记录要不少于 5 条。餐桌表 gkeodm_table 的结构如表 8-13 所示。

表 8-13　餐桌表 gkeodm_table 的结构

字段名	数据类型	是否为空	约束	说明
id	BIGINT(20)	否	主键	编号
tableName	VARCHAR(20)	否		餐桌名称
capacity	INT(11)	否	默认值为 0	容纳人数

（3）先创建菜品分类表 gkeodm_category，再输入记录，并且输入的记录要不少于 5 条。菜品分类表 gkeodm_category 的结构如表 8-14 所示。

表 8-14　菜品分类表 gkeodm_category 的结构

字段名	数据类型	是否为空	约束	说明
id	BIGINT(20)	否	主键	分类编号
name	VARCHAR(30)	否	唯一索引，默认值为空字符	分类名称
createDate	DATE	否		分类创建时间
userId	BIGINT(20)	否	外键	创建人编号
pic	VARCHAR(100)	是	默认值为空字符	图标地址

（4）先创建菜品表 gkeodm_food，再输入记录，并且输入的记录要不少于 5 条。菜品表 gkeodm_food 的结构如表 8-15 所示。

表 8-15　菜品表 gkeodm_food 的结构

字段名	数据类型	是否为空	约束	说明
id	BIGINT(20)	否	主键	菜品编号
name	VARCHAR(30)	否	唯一索引	菜品名称
label	INT	否	1 表示健身，2 表示减肥，3 表示补肾，4 表示去火，5 表示活血，6 表示补水，默认值为 1	菜品标签
description	VARCHAR(255)	是	（不超 200 字）	菜品详情描述
createDate	DATE	否		菜品创建时间
userId	BIGINT(20)	否	外键	创建人编号
deleted	INT(11)	否	0 表示可用，1 表示已删除，默认值为 0	删除标识
categoryId	BIGINT(20)	否	外键	所属分类编号
pic	VARCHAR(100)	是	默认值为空字符	菜品图片地址
price	INT(11)	否	默认值为 0	菜品价格

（5）先创建订单表 gkeodm_order，再输入记录，并且输入的记录要不少于 5 条。订单表 gkeodm_order 的结构如表 8-16 所示。

表 8-16　订单表 gkeodm_order 的结构

字段名	数据类型	是否为空	约束	说明
id	BIGINT(20)	否	主键	订单编号
tableNum	INT(11)	否	外键	餐桌序号
createDate	DATE	否		订单创建时间
userId	BIGINT(20)	否	外键	创建人编号
diner	VARCHAR(10)	是		订餐人
tel	VARCHAR(20)	否		联系电话
dinnerTime	VARCHAR(20)	是		用餐时间
price	INT(11)	否	计算列，默认值为-1	订单总价

续表

字段名	数据类型	是否为空	约束	说明
status	INT(11)	否	0 表示待付款，1 表示已付款，2 表示已取消，默认值为 0	订单状态

（6）先创建订单详情表 gkeodm_orderDetail，再输入记录，并且输入的记录要不少于 5 条。订单详情表 gkeodm_orderDetail 的结构如表 8-17 所示。

表 8-17　订单详情表 gkeodm_orderDetail 的结构

字段名	数据类型	是否为空	约束	说明
id	BIGINT(20)	否	主键	编号
orderId	BIGINT(20)	否	外键	订单编号
foodId	BIGINT(20)	否	外键	菜品编号
num	INT(11)	否	默认值为 0	菜品数量

【任务反思】

（1）记录在任务完成过程中遇到的问题，并思考应如何解决？

（2）是否解决了一些历史问题？是如何解决的？

（3）记录在任务完成过程中的成功经验。

（4）思考任务解决方案还存在哪些漏洞，应如何完善解决方案？

习题

一、选择题

1．主键约束的关键字是（　　）。

　　A．PRIMARY KEY　　　　　　　B．CHECK

　　C．DEFAULT　　　　　　　　　　D．UNIQUE

2．UNIQUE 是指（　　）约束。

　　A．主键　　　　B．外键　　　　C．唯一　　　　D．默认值

3．使用（　　）语句可以修改表结构。

　　A．CREATE　　B．UPDATE　　C．ALTER　　D．DELETE

4．（　　）约束针对表之间的参照完整性。

　　A．主键　　　　B．外键　　　　C．默认值　　　　D．检查

5．（　　）约束要求在增加记录时该字段一定要有值。

　　A．检查　　　　B．非空　　　　C．外键　　　　D．主键

6．（　　）是表的一个或一组特殊字段，该字段或字段组能唯一标识该表中的每条记录，一个表只能一个。

　　A．检查　　　　B．主键　　　　C．外键　　　　D．默认值

7. 在一个表中可以有（   ）唯一约束。

    A. 0 个   B. 1 个   C. 2 个   D. 0 个或多个

8. 索引的关键字是（   ）。

    A. CREATE   B. TABLE   C. INDEX   D. FULLTEXT

9. 全文索引的关键字是（   ）。

    A. FULLTEXT   B. VARCHAR   C. TEXT   D. DATE

10. MySQL 支持的约束包括（   ）。

    A. 主键约束   B. 外键约束   C. 默认值约束   D. 前 3 项都是

二、填空题

1. 外键一般针对两个表，其中一个表是引用表，即_____或_____，另一个表是被引用表，即_____或_____，从表某个字段的值必须参照主表的_____字段的值。_____的字段称为外键。

2. 当主表的值正在被从表引用时，要先删除_____对应的记录，再删除_____对应的记录，如果直接删除_____对应的记录就会出错，即先删除_____数据再删除_____数据。

3. 索引可以分为_____、_____、_____和_____。

4. 单个表中索引的数量最好不超过_____个。

5. 唯一约束与主键约束相似。但_____允许有空值，_____不允许。另外，_____在一个表中可以有多个，而_____只能有一个。

三、简答题

1. 简述数据完整性的概念和 MySQL 中的 6 种完整性约束。

2. 简述索引的概念和分类。

项目 9

多表查询应用

【知识目标】

（1）理解连接查询的内涵。

（2）理解子查询的内涵。

【技能目标】

（1）会进行多表连接查询。

（2）会利用子查询完成不同表之间的数据查询。

（3）会根据需求设计各类查询。

【素养目标】

（1）具有强烈的责任心，深刻理解数据的重要性。

（2）具备发散思维，会从不同角度思考问题，养成充分思考、优中选优的习惯。

（3）理解数据的内在逻辑，会分析事物之间的联系，养成从全局思考问题的习惯。

【工作情境】

很多时候，查询的数据在同一个表中，所以查询比较简单。当用户需求比较复杂时，一个表中的数据解决不了问题，因此需要从多个表中获取数据，此时可以利用多表查询和子查询来完成特定任务。

【思维导图】

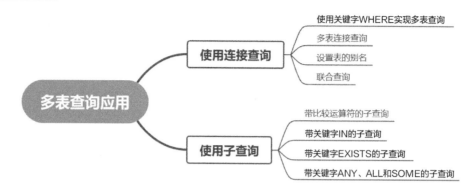

任务 1 使用连接查询

**【任务分析】**

小王发现，一个表中的数据有时无法满足用户的需求，需要同时从多个表中选择数据才能满足用户的需求。例如，要查询各个地方的名人，但名人表 celebrity 中只有地区编号，没有地区名称，要确认地区名称需要使用地区表 area 中的数据，此时需要两个表中的数据。小王决定采用连接查询来实现多表查询。

小王对粤文创项目进行分析后得到的任务清单如下。

任务编号	任务内容
任务 9-1	查询广州有哪些民俗，并显示 id 字段、chineseName 字段和 folkName 字段的信息
任务 9-2	查询中山有哪些名人，并显示 id 字段、chineseName 字段和 celebrityName 字段的信息
任务 9-3	查询东莞有哪些城市名誉，并显示 id 字段、chineseName 字段和 honoraryTitle 字段的信息
任务 9-4	查询工作计划参与人员表 participant，并显示 id 字段、planName 字段、userName 字段、duty 字段、requirement 字段和 remarks 字段的信息
任务 9-5	查询工作计划表 plan，并显示 planId 字段、planName 字段、planMaker 字段、releaseTime 字段、auditTime 字段、startTime 字段、endTime 字段和 planContent 字段的信息，其中 planMaker 字段用来显示姓名而不是工号
任务 9-6	查询还没有分配工作的工作人员

**【知识储备】**

1. 使用关键字 WHERE 实现多表查询

使用关键字 WHERE 实现多表查询，语法格式如下：

```
SELECT 字段列表 FROM 表名列表 WHERE 条件表达式
```

需要说明以下几点。

- 在表名列表中允许有多个表，但各个表名之间需要用逗号隔开。
- 要把两个表连接起来，需要找到两个表中意义相同的字段作为连接条件，如果两个字段名相同，那么必须在字段名前加表名和 "."，明确指出该字段来自哪个表。多个表要设置多个连接条件。
- 条件表达式不仅可以包括连接条件，还可以同时包括其他条件，中间用逻辑运算符连接。

示例 9-1　查询广东各个地区的名人，显示 id 字段、chineseName 字段和 celebrityName 字段的信息。

分析：id 字段和 celebrityName 字段来自名人表 celebrity，chineseName 字段来自地区表 area，两个表的连接条件是地区编号相同，即 areaNumber=fkAreaNumber。查询的结果与数据源有关，可能会查到数据，也可能查不到数据，但一定要确保查询命令正确。在操作前，可查询相关表中的数据，根据连接条件进行分析，估计有哪些结果数据，并与显示数据进行对比，判断查询结果是否正确。名人表 celebrity 和地区表 area 中都有不少数据，结果数据比较多，分析比较麻烦。但在企业实际工作中，各个表中的数据都是比较多的，所以应习惯面对大量的数据处理。

程序代码如下：

```
SELECT * FROM celebrity;
SELECT * FROM area;
SELECT id,chineseName,celebrityName FROM celebrity,area WHERE
areaNumber=fkAreaNumber;
```

示例 9-2　查询惠州有哪些名人，并显示 id 字段、chineseName 字段和 celebrityName 字段的信息。

分析：在示例 9-1 的基础上，增加一个查询条件，即查询惠州的名人，只需在 WHERE 中增加这个条件即可，两个条件要同时满足，并用 AND 连接。

程序代码如下：

```
SELECT id,chineseName,celebrityName FROM celebrity,area WHERE areaNumber=fkAreaNumber
AND chineseName="惠州";
```

示例 9-3　查询 id 字段、planName 字段、userName 字段、duty 字段和 requirement 字段的信息。

分析：planName 字段来自工作计划表 plan，userName 字段来自工作人员表 user，id 字段、duty 字段和 requirement 字段来自工作计划参与人员表 participant，因此该查询需要 3 个表中的数据，要设置表与表之间的连接条件，工作人员表 user 与工作计划参与人员表 participant 之间有相同的字段 userId，可以作为两个表的连接条件；工作计划表 plan 与工作计划参与人员表 participant 之间有相同的字段 planId，可以作为两个表的连接条件。

程序代码如下：

```
SELECT id,planName,userName,duty,requirement FROM user, plan, participant WHERE
user.userId=participant.userId AND plan.planId=participant.planId;
```

2. 多表连接查询

1）交叉连接

当使用关键字 WHERE 实现多表查询时，可以省略条件表达式，即没有连接条件，此时又称为交叉连接。交叉连接是指没有设置连接条件的多表查询，从每个表中各取一条记录组成新的记录，因此交叉连接的结果数据量非常大。例如，一个有 2 条记录的表与一个有 3 条记录的表，交叉连接后共有 6 条记录；各有 3 条记录的 3 个表，交叉连接后共有 27 条记录。交叉连接后的记录数是各个表记录数的乘积。

交叉连接的语法格式如下：

```
SELECT 字段列表 FROM 表名列表
```

示例 9-4　新建表 T1，该表包含 3 个 CHAR(2)字段，分别为 A、B 和 C；新建表 T2，该表包含 3 个 CHAR(2)字段，分别为 A、E 和 F，每个表各输入 3 条记录，交叉连接如图 9-1 所示。

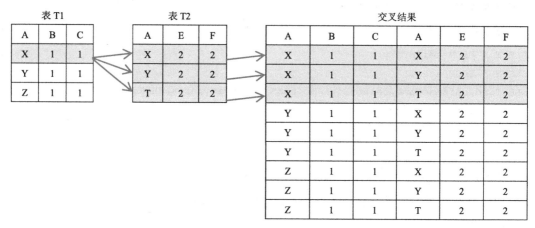

图 9-1　交叉连接

分析：表 T1 和表 T2 各有 3 个字段，交叉连接后共有 6 个字段。在表 T1 中取第 1 条记录，与表 T2 中的 3 条记录分别组合，可以产生 3 条新记录；在表 T1 中取第 2 条记录，与表 T2 中的 3 条记录分别组合，又可以产生 3 条新记录；在表 T1 中取第 3 条记录，与表 T2 中的 3 条记录分别组合，又可以产生 3 条新记录。最终得到 9 条记录。

程序代码如下：

```
CREATE TABLE T1(A CHAR(2),B CHAR(2),C CHAR(2));
INSERT INTO T1(A,B,C) VALUES("X","1","1"),( "Y","1","1"),( "Z","1","1");
CREATE TABLE T2(A CHAR(2),E CHAR(2),F CHAR(2));
```

```
INSERT INTO T2(A,E,F) VALUES("X","2","2"),( "Y","2","2"),( "T","2","2");
SELECT * FROM T1;
SELECT * FROM T2;
SELECT * FROM T1,T2;
```

运行结果如图 9-2 所示，分析结果与运行结果一致。

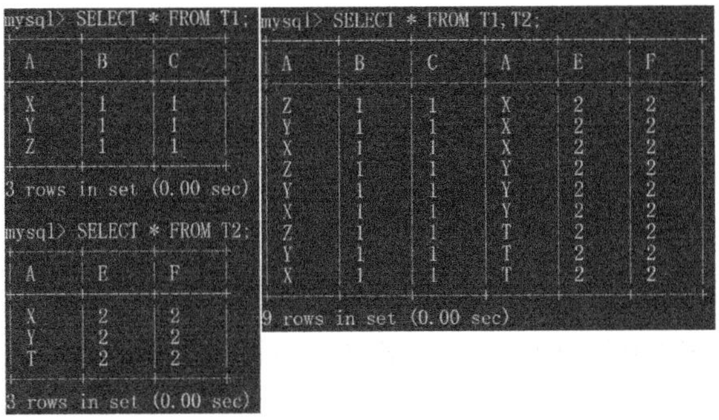

图 9-2　示例 9-4 的运行结果

示例 9-5　用交叉连接实现示例 9-1，即用交叉连接显示 id 字段、chineseName 字段和 celebrityName 字段的信息。

分析：当名人表 celebrity 中有 228 条记录，地区表 area 中有 21 条记录时，交叉连接的结果为 4788（228×21）条记录，数据量比较大，运行时展示数据的时间比较长，需要耐心等待。

程序代码如下：

```
SELECT * FROM celebrity;
SELECT * FROM area;
SELECT id,chineseName,celebrityName FROM celebrity,area;
```

2）内连接

交叉连接产生的数据量非常大，因此需要设置条件过滤部分数据，即连接条件。设置了连接条件的交叉连接称为内连接。如果连接条件的运算符是等于号，那么称为等值连接，否则称为非等值连接。在等值连接的基础上去除重复字段称为自然连接。在一般情况下，内连接一般是指等值连接。

内连接的语法格式如下：

```
SELECT 字段列表 FROM 表1 [INNER] JOIN 表2 ON 表1.字段名=表2.字段名 [JOIN 表3 ON 表1.字段名|表2.字段名=表3.字段名…]
```

示例 9-6　通过内连接查询表 T1 和表 T2 的信息。

分析：在如图 9-1 所示的交叉结果中，查找表 T1 的字段 A 和表 T2 的字段 A 的相同值，发现第 1 行的两个值都是 X，第 5 行的两个值都是 Y，其他都不相同，即结果为第 1 行和 5 行的数据。内连接相当于找两个表指定字段的交集，如图 9-3 所示。

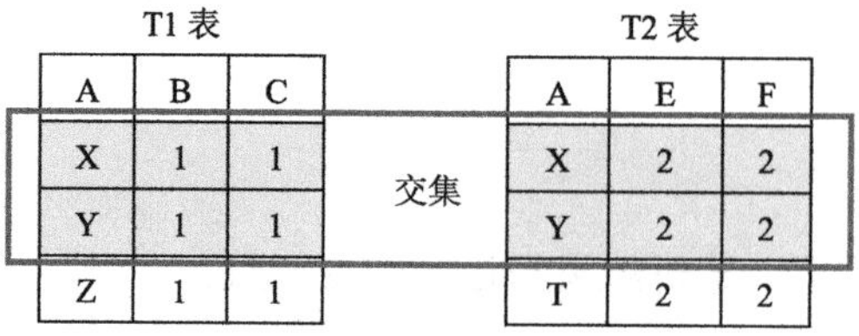

图 9-3　内连接

程序代码如下：

```
SELECT * FROM T1 JOIN T2 ON T1.A=T2.A;
```

示例 9-7　用内连接实现示例 9-1，即使用内连接显示 id 字段、chineseName 字段和 celebrityName 字段的信息。

分析：将使用关键字 WHERE 实现的多表查询转换为通过内连接实现，只需要将连接条件换一下位置即可。

程序代码如下：

```
SELECT id,chineseName,celebrityName FROM celebrity JOIN area ON areaNumber=fkAreaNumber;
```

示例 9-8　用内连接查询佛山有哪些名人，并显示 id 字段、chineseName 字段和 celebrityName 字段的信息。

程序代码如下：

```
SELECT id,chineseName,celebrityName FROM celebrity JOIN area ON areaNumber=fkAreaNumber
WHERE  chineseName="佛山";
```

示例 9-9　用内连接实现示例 9-3，即查询 id 字段、planName 字段、userName 字段、duty 字段和 requirement 字段的信息。

程序代码如下：

```
SELECT id,planName,username,duty,requirement FROM participant JOIN user ON user.userId=
participant.userId JOIN plan ON plan.planId=participant.planId;
```

3）外连接

在图 9-3 中，除了交集，表 T1 还有 1 条独有记录，即字段 A 的值为 Z 对应的记录；同样，表 T2 也有 1 条独有记录，即字段 A 的值为 T 对应的记录。外连接是对内连接的结果进行扩展，如果连接时表 T1 在左边而表 T2 在右边，那么内连接扩展表 T1 的独有记录称为左外连接，内连接扩展表 T2 的独有记录称为右外连接，内连接扩展到表 T1 和表 T2 的所有独有记录称为全连接。MySQL 暂不支持全连接。

左外连接的语法格式如下：

```
SELECT 字段列表 FROM 表1 LEFT [JOIN] 表2 ON 表1.字段名=表2.字段名;
```

右外连接的语法格式如下：

```
SELECT 字段列表 FROM 表1 RIGHT [JOIN] 表2 ON 表1.字段名=表2.字段名;
```

示例 9-10　通过左外连接查询表 T1 和表 T2 的信息。

程序代码如下：

```
SELECT * FROM T1 LEFT JOIN T2 ON T1.A=T2.A;
```

运行结果如图 9-4 所示。

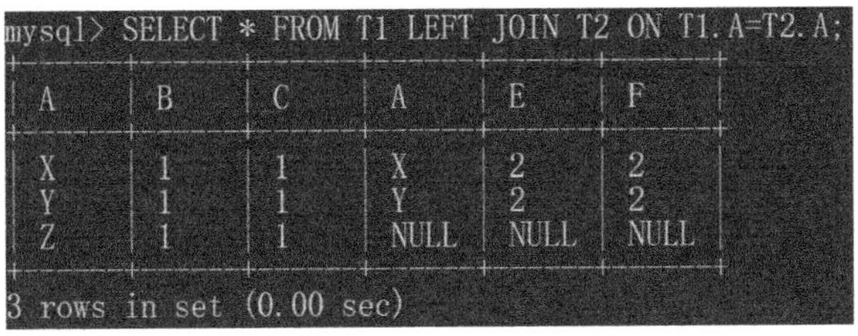

mysql> SELECT * FROM T1 LEFT JOIN T2 ON T1.A=T2.A;

A	B	C	A	E	F
X	1	1	X	2	2
Y	1	1	Y	2	2
Z	1	1	NULL	NULL	NULL

3 rows in set (0.00 sec)

图 9-4　示例 9-10 的运行结果

示例 9-11　通过右外连接查询表 T1 和表 T2 的信息。

程序代码如下：

```
SELECT * FROM T1 RIGHT JOIN T2 ON T1.A=T2.A;
```

运行结果如图 9-5 所示。

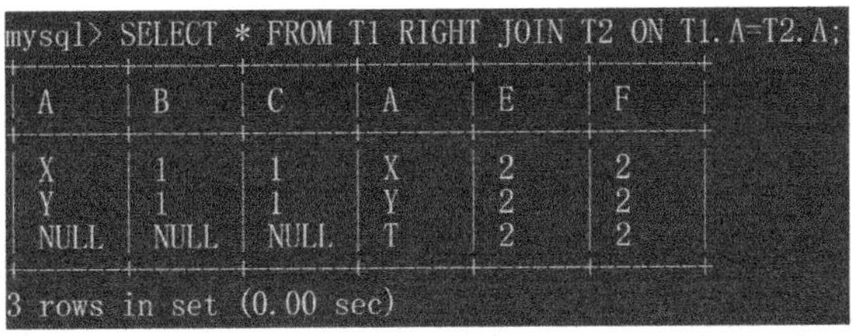

mysql> SELECT * FROM T1 RIGHT JOIN T2 ON T1.A=T2.A;

A	B	C	A	E	F
X	1	1	X	2	2
Y	1	1	Y	2	2
NULL	NULL	NULL	T	2	2

3 rows in set (0.00 sec)

图 9-5　示例 9-11 的运行结果

示例 9-12　查询还没输入名人信息的地区，并显示 areaNumber 字段和 chineseName 字段的信息。

分析：先通过左外连接将地区表 area 和名人表 celebrity 连接起来，得到地区表 area 中的所有数据，如果某地区编号在名人表 celebrity 中存在，那么名人表 celebrity 也会显示对应地区编号的信息；如果某地区编号在名人表 celebrity 中不存在，那么系统显示 NULL，即该地区还没有输入名人信息。因此，可以将 celebrity.fkAreaNumber IS NULL 作为查询条件。

程序代码如下：

```
SELECT areaNumber, chineseName FROM area LEFT JOIN celebrity ON area.areaNumber =
celebrity.fkAreaNumber WHERE celebrity.fkAreaNumber IS NULL;
```

示例 9-13　显示名人表 celebrity 中地区编码错误的记录。

分析：先通过右外连接将地区表 area 和名人表 celebrity 连接起来，得到名人表 celebrity 中的所有数据。如果某地区编号在地区表 area 中存在，就会显示地区表 area 中该地区编号对应的信息；如果某地区编号在地区表 area 中不存在，那么系统显示 NULL，表示该地区在名人表 celebrity 中存在，但在地区表 area 中不存在，即该记录为名人表 celebrity 中错误的地区编码。因此，可以将 area. areaNumber IS NULL 作为查询条件。

程序代码如下：

```
SELECT celebrity.* FROM area RIGHT JOIN celebrity ON area.areaNumber = celebrity.
fkAreaNumber WHERE area.areaNumber IS NULL;
```

3. 设置表的别名

在查询时，可以为表设置别名，特别是当表名比较长时，设置简短的别名能提高操作效率。在定义了表的别名之后，在需要指定表名的地方都可以使用表的别名。设置表的别名的语法格式如下：

```
SELECT 字段列表 FROM 表1 [AS] 表别名1 LEFT| RIGHT|JOIN 表2 [AS] 表别名2 ON 表1.字段名=
表2.字段名;
```

示例 9-14　通过别名实现示例 9-9，即查询 id 字段、planName 字段、userName 字段、duty 字段和 requirement 字段的信息。

程序代码如下：

```
SELECT id,planName,userName,duty,requirement FROM participant a JOIN user b ON
a.userId=b.userId JOIN plan c ON a.planId=c.planId;
```

4. 联合查询

联合查询是指将两个或多个查询结果合并在一起显示。其语法格式如下：

```
SELECT 字段列表1 FROM 表1 WHERE 条件1 UNION SELECT 字段列表2 FROM 表2 WHERE 条件2;
```

示例 9-15　小王想去深圳（地区编码为 5840）调研，打算把深圳的民俗、名人和城市荣誉列在一张清单上。

程序代码如下：

```
SELECT fkAreaNumber AS 地区, folkName AS 调研内容 FROM folk WHERE fkAreaNumber="5840"
UNION SELECT fkAreaNumber, celebrityName FROM celebrity WHERE fkAreaNumber="5840"
UNION SELECT fkAreaNumber, honoraryTitle folkName FROM honor WHERE fkAreaNumber="5840";
```

示例 9-16　优化示例 9-15，增加一列，用来显示调研内容的类型，如民俗、名人和城市荣誉等。

程序代码如下：

```
SELECT fkAreaNumber AS 地区, folkName AS 调研内容, "民俗" AS 类型 FROM folk WHERE
fkAreaNumber="5840"
UNION SELECT fkAreaNumber, celebrityName, "名人"FROM celebrity WHERE
fkAreaNumber="5840"
UNION SELECT fkAreaNumber, honoraryTitle, "城市荣誉" FROM honor WHERE
fkAreaNumber="5840";
```

【任务实施】

任务 9-1　查询广州有哪些民俗，并显示 id 字段、chineseName 字段和 folkName 字段的信息。

程序代码如下：

```
SELECT id,chineseName, folkName FROM folk JOIN area ON areaNumber=fkAreaNumber
WHERE chineseName="广州";
```

任务 9-2　查询中山有哪些名人，并显示 id 字段、chineseName 字段和 celebrityName 字段的信息。

程序代码如下：

```
SELECT id,chineseName, celebrityName FROM celebrity JOIN area ON areaNumber=
fkAreaNumber  WHERE chineseName="中山";
```

任务 9-3　查询东莞有哪些城市名誉，并显示 id 字段、chineseName 字段和 honoraryTitle 字段的信息。

程序代码如下：

```
SELECT id,chineseName, honoraryTitle FROM honor JOIN area ON areaNumber= fkAreaNumber
WHERE chineseName="东莞";
```

任务 9-4　查询工作计划参与人员表 participant，并显示 id 字段、planName 字段、userName 字段、duty 字段、requirement 字段和 remarks 字段的信息。

程序代码如下：

```
SELECT id,planName,username,duty,requirement,remarks FROM participant a JOIN
plan b ON a.planId = b.planId JOIN user c ON a.userId = c.userId;
```

任务 9-5　查询工作计划表 plan，并显示 planId 字段、planName 字段、planMaker 字段、releaseTime 字段、auditTime 字段、startTime 字段、endTime 字段和 planContent 字段的信息，其中 planMaker 字段用来显示姓名而不是工号。

程序代码如下：

```
SELECT planId,planName,planMaker,releaseTime,auditTime,startTime,endTime,planContent
FROM user JOIN plan ON userId = planMaker;
```

任务 9-6　查询还没有分配工作的工作人员。

程序代码如下：

```
SELECT user.* FROM user LEFT JOIN participant ON user.userId= participant.userId
WHERE participant.userId IS NULL;
```

任务 2　使用子查询

【任务分析】

除了连接查询，小王发现还可以使用子查询来实现连接查询。尽管子查询没有连接操作，每次只针对一个表操作，但子查询其实是查询的嵌套，即把一个查询的结果嵌套到另一个查询中，作为查询条件。嵌套的两个或多个查询可以针对不同的表进行，从而实现多表查询。

小王对粤文创项目进行分析后得到的任务清单如下。

任务编号	任务内容
任务 9-7	查询梅州有哪些城市荣誉
任务 9-8	查询茂名有哪些名人
任务 9-9	查询肇庆以外地区的广东民俗
任务 9-10	查询还没有分配工作的工作人员

【知识储备】

1. 带比较运算符的子查询

根据子查询的嵌入位置一般可以分为 WHERE 型子查询、FROM 型子查询和复制表子查询等，下面主要介绍 WHERE 型子查询。

带比较运算符的子查询的语法格式如下：

```
SELECT 字段列表 FROM 表名 WHERE  字段名  关系运算符 (子查询);
```

需要说明以下几点。

- 带比较运算符的子查询只能返回单个值，不能返回值列表，即不能返回多个值。
- 子查询中的字段列表一般只有一个字段，并且这个字段必须和 WHERE 后面的字段一致。

示例 9-17　查询清远有哪些名人，并显示 id 字段和 celebrityName 字段的信息。

分析：id 字段和 celebrityName 字段在名人表 celebrity 中，名人表 celebrity 中只有 fkAreaNumber 字段，没有 chineseName 字段，可以先在地区表 area 中查询清远的地区编号，再在名人表 celebrity 中查询该地区编号对应的名人。

程序代码如下：

```
SELECT id, celebrityName FROM celebrity WHERE fkAreaNumber=(SELECT areaNumber FROM
area WHERE chineseName="清远" );
```

示例 9-18 查询潮州以外地区的广东民俗，并显示 id 字段、fkAreaNumber 字段和 folkName 字段的信息。

程序代码如下：

```
SELECT id,fkAreaNumber,folkName FROM folk WHERE fkAreaNumber!=(SELECT areaNumber
FROM area WHERE chineseName="潮州" );
```

2. 带关键字 IN 的子查询

带关键字 IN 的子查询是比较常用的子查询。其语法格式如下：

```
SELECT 字段列表 FROM 表名 WHERE 字段名 [NOT] IN(子查询);
```

示例 9-19 利用带关键字 IN 的子查询实现示例 9-12，查询还没输入名人信息的地区，并显示 areaNumber 字段和 chineseName 字段的信息。

分析：先查询名人表 celebrity 中的 fkAreaNumber 字段，并将其放在 IN 列表作为条件，再查询地区表 area，凡是不在 IN 列表中的地区，就是目前还没输入名人信息的地区。

程序代码如下：

```
SELECT areaNumber, chineseName FROM area WHERE areaNumber NOT IN(SELECT fkAreaNumber
FROM celebrity);
```

示例 9-20 查询汕头的城市名誉，并显示 id 字段和 honoraryTitle 字段的信息。

程序代码如下：

```
SELECT id,honoraryTitle FROM honor WHERE fkAreaNumber IN(SELECT areaNumber FROM
area WHERE chineseName="汕头" );
```

3. 带关键字 EXISTS 的子查询

带关键字 EXISTS 的子查询的语法格式如下：

```
SELECT 字段列表 FROM 表名 WHERE [NOT] EXISTS (子查询);
```

说明：EXISTS 只返回真或假，其本身是一个逻辑值，可以作为判断条件，所以在 WHERE 条件判断中不需要指定字段名。

示例 9-21 当工作计划参与人员表 participant 中的 userId 字段有错误时，显示所有工作人员的信息。

程序代码如下：

```
SELECT * FROM user WHERE EXISTS(SELECT * FROM participant WHERE userId NOT IN(SELECT
userId FROM user));
```

4. 带关键字 ANY、ALL 和 SOME 的子查询

带关键字 ANY、ALL 和 SOME 的子查询的语法格式如下：

```
SELECT 字段列表 FROM 表名 WHERE 字段名 关系运算符 ANY|ALL|SOME (子查询);
```

需要说明以下几点。

- 子查询的字段列表一般只有一个字段，但可以返回多个值，这些值可以组成一个值的列表。
- 关系运算符可以是任意一个，因此这类子查询的处理能力很强。
- 关键字 ANY 和 SOME 表示满足列表中的任意一个值。
- 关键字 ALL 表示满足列表中的所有值。

示例 9-22　利用带关键字 ANY 的子查询实现示例 9-12，查询还没输入名人信息的地区，并显示 areaNumber 字段和 chineseName 字段的信息。

程序代码如下：

```
SELECT areaNumber, chineseName FROM area WHERE areaNumber =ANY(SELECT fkAreaNumber
FROM celebrity);
```

【任务实施】

任务 9-7　查询梅州有哪些城市荣誉。

程序代码如下：

```
SELECT id, honoraryTitle FROM honor WHERE fkAreaNumber =(SELECT areaNumber FROM
area WHERE chineseName="梅州" );
```

任务 9-8　查询茂名有哪些名人。

程序代码如下：

```
SELECT id, celebrityName FROM celebrity WHERE fkAreaNumber IN(SELECT areaNumber
FROM area WHERE chineseName="茂名" );
```

任务 9-9　查询肇庆以外地区的广东民俗。

程序代码如下：

```
SELECT id, folkName FROM folk WHERE fkAreaNumber NOT IN(SELECT areaNumber FROM
area WHERE chineseName="肇庆" );
```

任务 9-10　查询还没有分配工作的工作人员。

程序代码如下：

```
SELECT * FROM user WHERE userId NOT IN(SELECT userId FROM participant );
```

巩固与小结

（1）各种查询的对比如下所示。

操作	WHERE	连接查询	子查询
操作方法	SELECT 字段列表 FROM 表名列表 WHERE 连接条件	SELECT 字段列表 FROM 多表连接	SELECT 字段列表 FROM 表名 WHERE 子查询

续表

操作	WHERE	连接查询	子查询
说明	连接条件是两个表相同字段的值相等	多表连接分为以下几种情况。 ● 交叉连接：直接列表名； ● 内连接：表 1 [INNER] JOIN 表 2 ON 表 1.字段名=表 2.字段名； ● 外连接：表 1 LEFT|RIGHT [JOIN] 表 2 ON 表 1.字段名=表 2.字段名；	子查询分为以下几种情况。 ● 字段名 关键运算符 (子查询)； ● 字段名 NOT IN(子查询)； ● [NOT] EXISTS (子查询)； ● 字段名 关键运算符 ANY|ALL|SOME (子查询)；

（2）可以用 AS 设置字段和表的别名。

（3）使用联合查询，可以将多个查询结果合并显示。

任务训练

【训练目的】

（1）会进行多表连接查询。

（2）会利用子查询完成不同表之间的数据查询。

【任务清单】

（1）查询点餐系统的菜品分类表，并显示分类编号、分类名称、分类创建时间、创建人姓名和图标地址。

（2）查询点餐系统的菜品表，并显示菜品编号、菜品名称、菜品标签、菜品详情描述、菜品创建时间、创建人姓名、删除标识、所属分类名称、菜品图片地址和菜品价格。

（3）查询点餐系统的订单表，并显示订单编号、餐桌名称、订单创建时间、创建人姓名、订餐人、联系电话、用餐时间、订单总价和订单状态。

（4）查询点餐系统的订单详情表，并显示编号、订单名称、菜品名称和菜品数量。

（5）在点餐系统中，查询当前闲置餐桌的信息。

（6）在点餐系统中，统计各类菜品的消费数量，显示菜品名称及份数。

（7）在点餐系统中，统计各类菜品分类的消费金额，显示菜品分类名称及金额。

（8）在点餐系统中，查询空订单信息，通过订单详情表来判断是否为空订单。

【任务反思】

（1）记录在任务完成过程中遇到的问题，并思考应如何解决。

（2）是否解决了一些历史问题？是如何解决的？

（3）记录在任务完成过程中的成功经验。

（4）思考任务解决方案还存在哪些漏洞，应如何完善解决方案？

习题

一、选择题

1．（　　）是指将一个查询嵌套在另一个查询的内部。

  A．连接查询   B．子查询   C．投影查询   D．以上都正确

2．连接查询的关键字是（　　）。

  A．JOIN   B．IN   C．ALL   D．ANY

3．JOIN 一般要和（　　）一起使用。

  A．IN   B．ON   C．WHERE   D．FROM

4．联合查询的关键字是（　　）。

  A．IN   B．ON   C．UNION   D．EXISTS

5．外连接不包括（　　）。

  A．左连接   B．右连接   C．自然连接   D．全连接

二、填空题

1．用 WHERE 实现多表查询的语法格式为＿＿＿＿＿字段列表＿＿＿＿＿表名列表＿＿＿＿＿条件表达式。

2．3 个各有 100 条记录的表通过交叉连接后，会产生＿＿＿＿＿条记录。

3．两个表内连接的语法格式为 SELECT 字段列表 FROM 表 1 [INNER]＿＿＿＿＿表 2＿＿＿＿＿表 1.字段名=＿＿＿＿＿字段名。

三、简答题

1．简述多表连接查询的种类。

2．简述子查询的类型。

项目 10

使用视图

（1）了解视图的概念和优点。

（2）掌握视图的操作命令。

（1）会通过命令行创建和管理视图。

（2）会通过 Navicat 创建和管理视图。

（3）会通过视图更新数据。

（1）具有强烈的责任心，深刻理解数据的重要性。

（2）具备强烈的安全观，确保数据安全。

（3）理解数据的内在逻辑，会分析事物之间的联系，养成从不同角度思考问题的习惯。

通过多表查询可以实现更大范围的数据整合，满足复杂的数据需求，并且不影响数据库的规范性。但每次操作都要输入查询语句比较麻烦，小王决定把查询保存下来，将其转变为视图来提高工作效率。这是因为视图操作方便，提交数据安全，并且还能更新数据。

【思维导图】

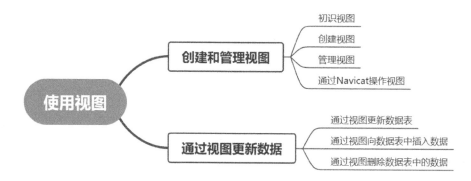

任务 1 创建和管理视图

【任务分析】

使用视图不仅能有效保护数据，还能提高数据的安全性。因此，小王根据粤文创项目的特点设计了不少视图，以提高数据安全性和操作效率。

小王对粤文创项目进行分析后得到的任务清单如下。

任务编号	任务内容
任务 10-1	创建两个视图，分别显示各个城市的城市中文名和电话区号，以及城市中文名和车牌代码
任务 10-2	创建视图，显示城市民俗信息
任务 10-3	创建视图，显示城市名人信息
任务 10-4	创建视图，显示城市荣誉信息
任务 10-5	创建视图，显示工作计划参与人员信息

【知识储备】

1. 初识视图

可以认为视图是魔术师的障眼法，很多时候是用来遮人耳目的。其实，在使用应用程序时，所看到的数据表结构大多不是数据库真实的表结构。

视图是数据库中的重要概念。视图是一个虚拟表，其内容由查询定义。数据库真实的表称为基本表。与基本表一样，视图也是由一系列带有名称的列数据和行数据组成的。但是，视图并不在数据库中以存储的数据值集的形式存在，而是存储查询命令，在引用视图时才动态生成数据。视图的建立和删除只影响视图本身，不影响对应的基本表。

从用户的角度来看，视图是从一个特定的角度来查看数据库中数据的。视图有很多优点，主要表现在以下几方面。

1）定制数据，提高安全性

在实际应用过程中，不但不同的用户可能对不同的数据有不同的要求，而且不同的用户可能对同样的数据有不同的要求。例如，在成绩管理系统中，学生能看到自己所有课程的成绩，但看不到其他人的成绩；老师能看到所教课程所有学生的成绩，但看不到学生其他课程的成绩；班主任老师能看到自己班级所有学生所有课程的成绩，但看不到其他班级学生的成绩。

面对不同用户设置不同的视图，可以对数据进行有效管理，让他们只能看到授权给他们查看的数据，看不到没有授权他们查看的数据，即只让他们看到他们能看的数据。

2）简化操作，提高效率

视图本身就是一个复杂查询的结果集，每次执行相同的查询时不必重新输入复杂的查询语句，大大简化了用户对数据的操作，还可以向用户隐藏表与表之间的复杂的连接操作。

3）逻辑数据独立性强，方便数据合并、分割和共享

视图能将程序与数据表分割开来，根据程序需要组合数据，可以将不同表的数据合并到一个视图中，也可以将字段或数据多的表根据需要分割成多个视图。通过使用视图，每个用户不必都定义和存储自己所需的数据，可以共享数据库中的数据，同样的数据只需要存储一次。

2. 创建视图

创建视图的语法格式如下：

```
CREATE VIEW 视图名[(字段列表)] AS SELECT语句 WITH CHECK OPTION;
```

需要说明以下几点。

- SELECT 语句不能引用系统变量或用户变量，不能包含 FROM 子句中的子查询，也不能引用预处理语句参数。
- 尽管创建的视图是一个虚拟表，但可以当作表操作，还可以作为其他视图的数据源。可以使用 SELECT 语句查询视图数据，可以使用 DESCRIBE 或 DESC 显示视图所包含的字段。
- 如果在创建视图时设置了参数"WITH CHECK OPTION"，那么更新数据时不能插入或更新不符合视图限制条件的记录。

示例 10-1　创建视图 vqueryTitle，查询工作人员表 user 中 userId 字段、userName 字段和 fkTitle 字段的信息。

程序代码如下：

```
CREATE VIEW vqueryTitle
AS
SELECT userId,username,fkTitle FROM user;
```

示例 10-2　创建视图 vqueryGender，查询工作人员表 user 中 userId 字段、userName 字段和 gender 字段的信息，并将字段名称分别改为工号、姓名和性别。

程序代码如下：

```
CREATE VIEW vqueryGender(工号,姓名,性别)
AS
SELECT userId,username, gender FROM user;
```

示例 10-3　创建视图 vqueryHonor，查询各个城市的荣誉，并显示编号、城市和荣誉。

程序代码如下：

```
CREATE VIEW vqueryHonor(编号,城市,荣誉)
AS
SELECT id, chineseName, honoraryTitle FROM honor JOIN area ON honor.fkAreaNumber
= area.areaNumber;
```

3. 管理视图

1）打开视图

虽然视图是虚拟表，但其使用方法与基本表的使用方法完全一致。查看视图所有数据内容可以直接使用 SELECT 语句，语法格式如下：

```
SELECT * FROM 视图名;
```

示例 10-4　打开视图 vqueryGender。

程序代码如下：

```
SELECT * FROM vqueryGender;
```

运行结果如图 10-1 所示。

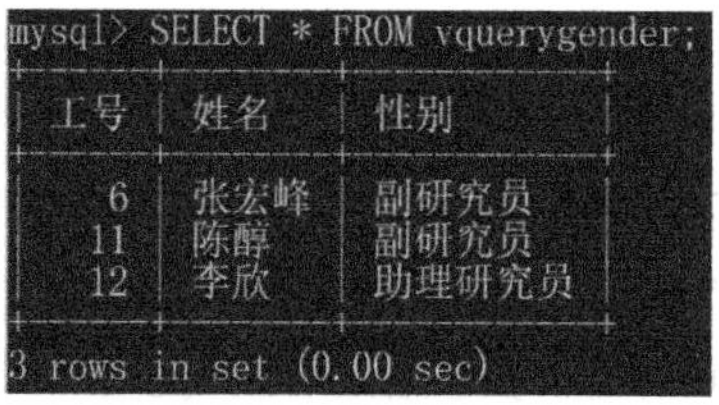

```
mysql> SELECT * FROM vquerygender;
+------+--------+------------+
| 工号 | 姓名   | 性别       |
+------+--------+------------+
|    6 | 张宏峰 | 副研究员   |
|   11 | 陈醇   | 副研究员   |
|   12 | 李欣   | 助理研究员 |
+------+--------+------------+
3 rows in set (0.00 sec)
```

图 10-1　示例 10-4 的运行结果

2）查看视图

（1）查看视图结构。

查看视图结构可以使用 DESCRIBE（可以简写为 DESC）语句，语法格式如下：

```
DESCRIBE 视图名;
```

（2）查看视图详细信息。

查看视图详细信息可以使用 SHOW CREATE VIEW 语句，语法格式如下：

```
SHOW CREATE VIEW 视图名;
```

（3）查看所有视图。

查看所有表和视图可以使用 SHOW TABLES 语句，语法格式如下：

```
SHOW TABLES;
```

示例 10-5 查看视图 vqueryGender 的结构和详细信息。

程序代码如下：

```
DESCRIBE vqueryGender;
SHOW CREATE VIEW vqueryGender;
SHOW TABLES;
```

3）修改视图

修改视图可以先删除原有视图再新建视图，也可以使用 ALTER VIEW 语句。ALTER VIEW 语句要求登录用户除了有 SELECT 权限，还要有 CREATE VIEW 权限和 DROP VIEW 权限。修改视图的语法格式如下：

```
ALTER VIEW 视图名 AS SELECT语句;
```

4）删除视图

删除视图可以使用 DROP VIEW 语句，语法格式如下：

```
DROP VIEW 视图名;
```

示例 10-6 删除视图 vqueryGender。

程序代码如下：

```
DROP VIEW vqueryGender;
```

4. 使用 Navicat 操作视图

（1）启动 Navicat，连接 MySQL 服务器，双击指定的数据库，单击"视图"图标，显示视图列表，如图 10-2 所示。

图 10-2 视图列表

（2）选中指定的视图后，单击视图列表上方的"打开视图"图标可以查看选中的视图的所有数据，单击"删除视图"图标可以删除选中的视图，单击"导出向导"图标可以将选中的视图的内容导出为指定格式文件。

（3）单击"新建视图"图标，先在工作区输入查询语句并保存，再输入视图名，如图 10-3 所示，输入视图名后单击"确定"按钮，系统会对查询语句进行规范化处理，如图 10-4 所示，单击代码界面上方的"美化 SQL"图标，美化结果如图 10-5 所示。

图 10-3　输入视图名

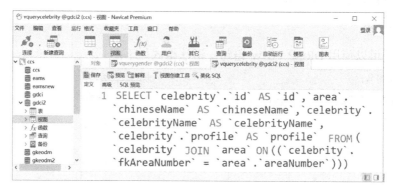

图 10-4　规范化处理

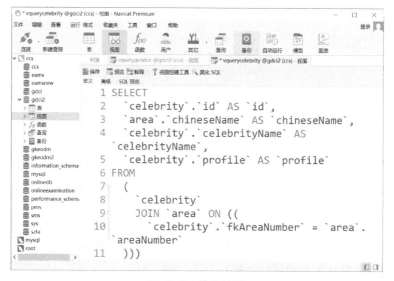

图 10-5　美化结果

（4）选中指定的视图后，单击视图列表上方的"设计视图"图标可以查看选中的视图的详细内容。如果要进行修改，那么其操作方法与新建视图的操作一致。

【任务实施】

任务 10-1　创建两个视图，分别显示各个城市的城市中文名和电话区号，以及城市中文名和车牌代码。

程序代码如下：

```
DROP VIEW IF EXISTS vqueryAreaCode, vqueryLicensePlateCode;
CREATE VIEW vqueryAreaCode(城市中文名,电话区号)
AS
SELECT chineseName, areaCode FROM area;
SELECT * FROM vqueryAreaCode;
CREATE VIEW vqueryLicensePlateCode(城市中文名,车牌代码)
AS
SELECT chineseName, licensePlateCode FROM area;
SELECT * FROM vqueryLicensePlateCode;
```

任务 10-2　创建视图，显示城市民俗信息。

程序代码如下：

```
DROP VIEW IF EXISTS vqueryFolk;
CREATE VIEW vqueryFolk(编号,城市中文名,民俗名称,民俗介绍)
AS
SELECT Id, chineseName,folkName,folkIntroduction  FROM folk JOIN area ON
folk.fkAreaNumber = area.areaNumber;
SELECT * FROM vqueryFolk;
```

任务 10-3　创建视图，显示城市名人信息。

程序代码如下：

```
DROP VIEW IF EXISTS vqueryCelebrity;
CREATE VIEW vqueryCelebrity (编号,城市中文名, 姓名,人物简介)
AS
SELECT Id, chineseName, celebrityName,profile  FROM celebrity JOIN area ON
celebrity.fkAreaNumber = area.areaNumber;
SELECT * FROM vqueryCelebrity;
```

任务 10-4　创建视图，显示城市荣誉信息。

程序代码如下：

```
DROP VIEW IF EXISTS vqueryHonor;
CREATE VIEW vqueryHonor (编号,城市中文名, 荣誉称号)
AS
SELECT Id, chineseName,folkName, honoraryTitle FROM honor JOIN area ON honor.fkAreaNumber
```

177

```
= area.areaNumber;
SELECT * FROM vqueryHonor;
```

任务 10-5　创建视图，显示工作计划参与人员信息。

程序代码如下：

```
DROP VIEW IF EXISTS vqueryParticipant;
CREATE VIEW vqueryParticipant (编号,计划名称,参与者姓名,工作职责,工作要求,备注)
AS
SELECT Id, planName, username,Duty,Requirement,remarks  FROM participant JOIN plan
ON participant. planId =plan. planId JOIN user ON participant.userId = user.userId;
SELECT * FROM vqueryParticipant;
```

任务 2　通过视图更新数据

【任务分析】

尽管视图只是一个虚拟表，只能动态显示数据，并不能真正保存数据，但是能修改数据。

小王对粤文创项目进行分析后得到的任务清单如下。

任务编号	任务内容
任务 10-6	通过视图添加数据
任务 10-7	通过视图修改数据
任务 10-8	通过视图删除数据

【知识储备】

1. 通过视图更新数据表

通过视图可以更新、插入和删除基本表中的数据。视图和基本表中的数据都会更新。可以使用 UPDATE 语句更新数据，使用 INSERT 语句插入数据，使用 DELETE 语句删除数据。

当视图中包含以下内容时，不能通过视图来修改数据。

（1）视图不包含基本表中被定义为非空约束且没有默认值的字段。

（2）在定义视图的 SELECT 语句中使用了数学表达式。

（3）在定义视图的 SELECT 语句中使用了聚合函数。

（4）在定义视图的 SELECT 语句中使用了 DISTINCT、UNION、TOP、GROUP BY 或 HAVING 子句。

（5）在视图中，一次可以修改多个基本表中的数据。

示例 10-7　通过视图 vqueryLicensePlateCode 将佛山的车牌代码改为"粤 Y"。

程序代码如下：

```
UPDATE vqueryLicensePlateCode SET 车牌代码="粤Y" WHERE 城市中文名="佛山";
SELECT * FROM vqueryLicensePlateCode;
```

运行结果如图 10-6 所示。

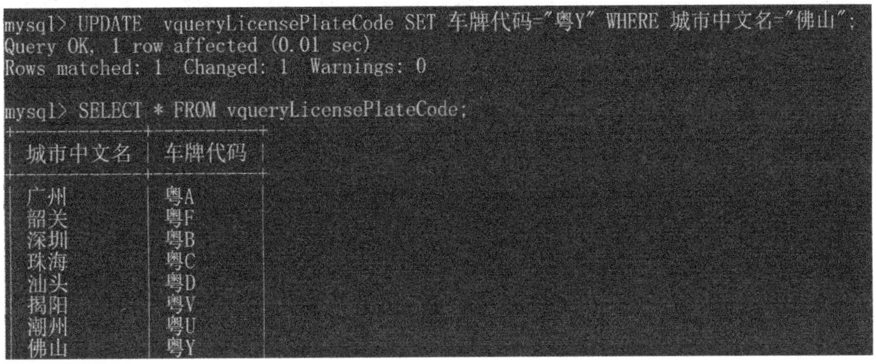

图 10-6　示例 10-7 的运行结果

示例 10-8　通过视图 vqueryParticipant 修改编号为 1 的记录，将"2023 春惠州行"修改为"2023 新春惠州行"，将"李欣"修改为"李小欣"。

程序代码如下：

```
UPDATE vqueryParticipant SET 计划名称="2023新春惠州行"，参与者姓名="李小欣" WHERE 编号=1;
SELECT * FROM vqueryParticipant;
```

修改失败，这是为什么呢？运行结果如图 10-7 所示。

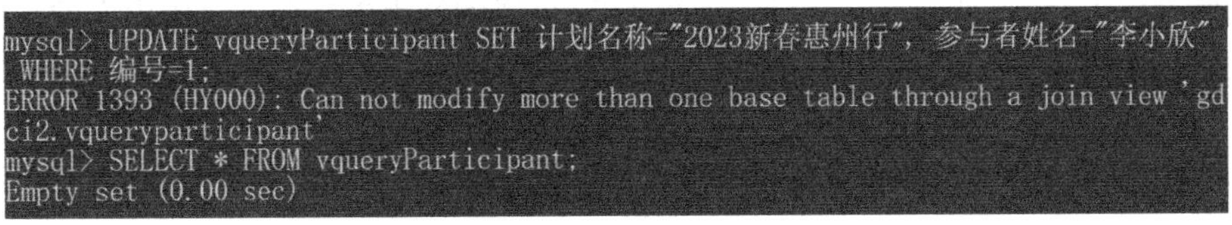

图 10-7　示例 10-8 的运行结果

这是因为在一条修改命令中，同时修改了两个基本表的数据。

2. 通过视图向数据表中插入数据

示例 10-9　向视图 vqueryAreaCode 中添加数据"测试城市"和"999"。

程序代码如下：

```
INSERT INTO vqueryAreaCode VALUES("测试城市","999");
DESC vqueryAreaCode;
DESC area;
```

运行结果如图 10-8 所示。插入数据为什么会失败呢？

```
mysql> INSERT INTO  vqueryAreaCode VALUES("测试城市","999");
ERROR 1423 (HY000): Field of view 'gdci2.vqueryareacode' underlying table doesn't
 have a default value
mysql> DESC vqueryAreaCode;
+------------+-------------+------+-----+---------+-------+
| Field      | Type        | Null | Key | Default | Extra |
+------------+-------------+------+-----+---------+-------+
| 城市中文名 | varchar(10) | NO   |     | NULL    |       |
| 电话区号   | char(4)     | NO   |     | NULL    |       |
+------------+-------------+------+-----+---------+-------+
2 rows in set (0.01 sec)

mysql> DESC area;
+----------------------+--------------+------+-----+---------+-------+
| Field                | Type         | Null | Key | Default | Extra |
+----------------------+--------------+------+-----+---------+-------+
| areaNumber           | char(6)      | NO   | PRI | NULL    |       |
| chineseName          | varchar(10)  | NO   |     | NULL    |       |
| foreignName          | varchar(40)  | YES  |     | NULL    |       |
| alias                | varchar(40)  | YES  |     | NULL    |       |
| geographicalPosition | varchar(40)  | YES  |     | NULL    |       |
| area                 | decimal(9,2) | NO   |     | NULL    |       |
| populationSize       | int          | NO   |     | NULL    |       |
| areaCode             | char(4)      | NO   |     | NULL    |       |
| licensePlateCode     | char(4)      | NO   |     | NULL    |       |
+----------------------+--------------+------+-----+---------+-------+
9 rows in set (0.00 sec)
```

图 10-8　示例 10-9 的运行结果

因为视图 vqueryAreaCode 中只有 2 个字段，所以只能给这 2 个字段输入值，但其对应的基本表 area 中有 9 个字段。除了与视图相同的 2 个字段，基本表中还有 4 个非空字段。视图的数据保存在基本表中，因此为视图 vqueryAreaCode 添加数据，其实就是为基本表 area 添加数据。因为还有 4 个非空字段没有赋值，所以无法插入数据，最终数据插入操作失败。如果成功插入数据，那么应检查是否正确创建了基本表 area。

3. 通过视图删除数据表中的数据

示例 10-10　通过视图 vqueryLicensePlateCode 删除城市中文名为“佛山”的记录。

程序代码如下：

```
DELETE FROM vqueryLicensePlateCode WHERE 城市中文名="佛山";
SELECT * FROM vqueryLicensePlateCode WHERE 城市中文名="佛山";
SELECT * FROM area  WHERE chineseName="佛山";
```

不仅删除了视图 vqueryLicensePlateCode 中的记录，还删除了基本表 area 中的数据，运行结果如图 10-9 所示。

```
mysql> DELETE FROM vqueryLicensePlateCode WHERE 城市中文名="佛山";
Query OK, 1 row affected (0.00 sec)

mysql> SELECT * FROM vqueryLicensePlateCode WHERE 城市中文名="佛山";
Empty set (0.00 sec)

mysql> SELECT * FROM area  WHERE chineseName="佛山";
Empty set (0.00 sec)
```

图 10-9　示例 10-10 的运行结果

测试完后，将删除的数据补回，代码如下：

```
INSERT INTO area VALUES("5880", "佛山", "Foshan,Fatshan", "禅城", "广东省中部",
3797.79 ,9612600, "0757", "粤E");
SELECT * FROM area  WHERE chineseName="佛山";
```

【任务实施】

任务 10-6　通过视图添加数据。

向视图 vqueryLicensePlateCode 中添加数据"测试城市"和"粤 Z"。

程序代码如下：

```
INSERT INTO vqueryLicensePlateCode VALUES("测试城市"," 粤Z ");
DESC vqueryLicensePlateCode;
DESC area;
```

添加数据操作失败。

任务 10-7　通过视图修改数据。

通过视图 vqueryParticipant，先将参与者姓名改为"李小欣"，再修改为原来的内容。

程序代码如下：

```
UPDATE vqueryParticipant SET 参与者姓名="李小欣"  WHERE 编号=1;
SELECT * FROM vqueryParticipant;
UPDATE vqueryParticipant SET 参与者姓名="李欣"  WHERE 编号=1;
SELECT * FROM vqueryParticipant;
```

修改数据操作成功。

任务 10-8　通过视图删除数据。

先向基本表 area 中添加一条临时记录，再通过视图 vqueryParticipant 删除该记录。

程序代码如下：

```
INSERT INTO area VALUES("999", "测试城市", "无", "无", "广东省中部",3799,100000, "9898",
"粤Z");
SELECT * FROM area  WHERE chineseName="测试城市";
DELETE FROM vquerylicensePlateCode WHERE 城市中文名="测试城市";
SELECT * FROM vquerylicensePlateCode WHERE 城市中文名="测试城市";
SELECT * FROM area  WHERE chineseName="测试城市";
```

删除数据操作成功。

巩固与小结

（1）了解视图的内涵和优点。

（2）创建视图：

```
CREATE VIEW 视图名[(字段列表)] AS SELECT语句 WITH CHECK OPTION
```

（3）管理视图。

● 打开视图：

SELECT * FROM 视图名

● 查看视图结构：

DESCRIBE 视图名

● 查看视图详细信息：

SHOW CREATE VIEW 视图名

● 查看所有视图：

SHOW TABLES

● 修改视图：

ALTER VIEW视图名 AS SELECT语句

● 删除视图：

DROP VIEW 视图名

（4）可以使用 Navicat 操作视图。

（5）可以通过视图更新数据，如修改数据、删除数据和插入数据。

任务训练

【训练目的】

（1）学会和巩固视图的创建、打开及管理操作。

（2）掌握视图的设计技巧。

【任务清单】

（1）创建视图 vuserlist，显示点餐系统的用户名单，如用户编号、用户名和用户类型。

（2）创建视图 vcategorylist，显示点餐系统的菜品分类列表，如分类编号、分类名称、分类创建时间、创建人姓名和图标地址。

（3）创建视图 vfoodlist，显示点餐系统的菜品列表，如菜品编号、菜品名称、菜品标签、菜品详情描述、菜品创建时间、创建人姓名、删除标识、所属分类名称、菜品图片地址和菜品价格。

（4）创建视图 vorderlist，显示点餐系统的订单列表，如订单编号、餐桌名称、订单创建时间、创建人姓名、订餐人、联系电话、用餐时间、订单总价和订单状态。

（5）创建视图 vpricelist，显示点餐系统的顾客消费列表，如订单编号、餐桌名称、订餐人和订单总价。

（6）创建视图 vorderDetaillist，显示点餐系统的订单详情列表，如订单编号、订单名称、菜品名称和菜品数量。

【任务反思】

（1）记录在任务完成过程中遇到的问题，并思考应如何解决。

（2）是否解决了一些历史问题？是如何解决的？

（3）记录在任务完成过程中的成功经验。

（4）思考任务解决方案还存在哪些漏洞，应如何完善解决方案？

习题

一、选择题

1．视图的关键字是（   ）。

    A．VIEW   B．INDEX   C．TABLE   D．CREATE

2．打开视图中的数据应使用（   ）语句。

    A．CREATE   B．DROP   C．SELECT   D．VIEW

3．（   ）不会导致视图更新数据失败。

    A．视图中只包含某个基本表中所有被定义为非空且没有默认值的字段

    B．在定义视图的 SELECT 语句中使用了数学表达式

    C．在定义视图的 SELECT 语句中使用了聚合函数

    D．在视图中，一次可以修改多个基本表中的数据

4．视图的优点包括（   ）。

    A．定制数据，提高安全性

    B．简化操作，提高效率

    C．逻辑数据独立性强

    D．以上都是

5．创建视图的语句是（   ）VIEW。

    A．INSERT   B．CREATE   C．UPDATE   D．ALTER

二、填空题

1．视图是数据库中的重要概念。视图是一个＿＿＿＿＿＿＿＿，其内容由查询定义。数据库真实表称为＿＿＿＿＿＿＿＿。与＿＿＿＿＿＿＿＿一样，视图也是由一系列带有名称的列数据和行数据组成的。

2．＿＿＿＿＿＿＿＿的语法格式为"ALTER VIEW 视图名 AS SELECT 语句"。

3．删除视图的语法格式为＿＿＿＿＿＿＿＿＿＿＿＿＿＿＿＿＿＿＿＿＿＿。

三、简答题

简述视图的优点。

项目 11

数据库编程

【知识目标】

（1）掌握数据库编程的基础知识。

（2）理解函数、存储过程、触发器、游标和事务的内涵。

（3）掌握程序设计的基本思维和开发流程，以及模块化程序设计方法。

【技能目标】

（1）会创建、调用与管理函数、存储过程和触发器，会使用游标和事务。

（2）具备较强的程序开发能力，能开发满足需求的函数、存储过程和触发器。

（3）具有一定的程序设计能力，能根据项目的实际情况进行模块分析，以及设计函数、存储过程和触发器。

【素养目标】

（1）具备良好的职业素养，能编写规范、易读的程序代码。

（2）具备强烈的责任心和使命感，能深刻理解数据的重要性，可以确保数据准确、安全、可控。

（3）能吃苦耐劳、不畏艰难，具备较强的工作抗压能力，能对大量数据进行有效处理。

（4）养成时刻关注科技前沿的习惯，及时了解国内外发展现状，积极发掘和推广满足需求的国产工具。

（5）努力提高自主开发能力和创新能力，精练技术，为数据库技术、国产化软件开发贡献力量。

【工作情境】

负责前端开发工作的老李告诉小王，如果在客户端实现数据处理，那么每个客户端程序都进行处理，需要重复开发，工作量比较大。因此，老李建议小王将某些功能移到数据库服务器上实现，客户端直接调用服务器相关资源实现特定的数据处理，这样只需要开发一次，能有效提高工作效率。通过调查和学习，小王决定在粤文创项目中，通过函数来优化某些功能实现，通过存储过程和触发器来完善数据处理与数据一致性，通过事务提升数据的安全性和一致性。

【思维导图】

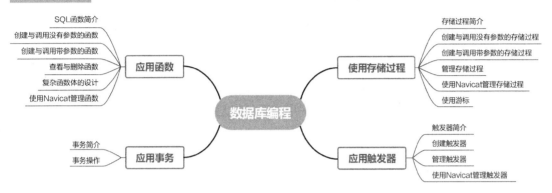

任务 1　应用函数

【任务分析】

大家非常佩服程序员，因为他们在很短的时间内就能编写出大量的代码，但是很多代码其实是重复的。例如，在一个项目中，有 10 000 次比较数值大小的功能需求，那么比较数值大小的程序代码需要出现 10 000 次，除了第 1 次，后面还要重复 9999 次。可以先把比较数值大小的程序代码定义为函数，再直接调用这个函数 10 000 次就可以实现用户的功能需求，这样不仅能大大减少代码量，还方便维护程序。

小王对粤文创项目进行分析后得到的任务清单如下。

任务编号	任务内容
任务 11-1	设计计算体重指数 BMI 值的函数
任务 11-2	设计根据不同时间提示不同问候语的函数
任务 11-3	设计抽奖函数
拓展任务 11-1	粤文创项目推出健康咨询机器人
拓展任务 11-2	粤文创项目推出生日送生肖礼
拓展任务 11-3	为用户昵称设计加密算法

 【知识储备】

1. SQL 函数简介

SQL 函数是指能完成特定功能的一组 SQL 语句。如果没有函数，那么所有代码集中在一起，从上到下按语句执行。函数相当于把特定功能的语句组单独封装在一起，变成一个相对独立的程序，即把原来的程序分为两部分，分出来的子程序叫作函数，剩下的语句组称为主程序，主程序需要运行这个函数称为函数调用，函数完成特定功能后把结果告知主程序称为返回值。假设小王到饭店吃饭时点了白切鸡这道菜，那么小王是主程序，酒店是函数，小王点菜就是函数调用，饭店服务员端上的白切鸡就是返回值。

MySQL 本身提供了许多函数，一般称为系统函数或内部函数，如 SUM 函数、MIN 函数等。常见的系统函数及其使用方法请参考附录 B。当调用系统函数无法解决用户需求时，需要根据用户需求定义新的函数，即用户可以自己定义函数。自定义函数需要先创建再调用。

2. 创建与调用没有参数的函数

1）创建函数

创建函数使用 CREATE FUNCTION 语句，语法格式如下：

```
CREATE FUNCTION 函数名()
RETURNS 返回值类型 DETERMINISTIC或NO SQL或READS SQL DATA
函数体;
```

需要说明以下几点。

- 在创建函数前，需要设置好当前数据库，函数名一般由字母、数字和下画线组成，建议前面加前缀 fun_。
- 函数体一般以 BEGIN 开始，以 END 结束，两者之间是函数功能代码。
- 关键字 RETURNS 后面已加"S"，在函数体中用关键字 RETURN 返回指定值。
- DETERMINISTIC 表示确定的，NO SQL 表示没有 SQL 语句不修改数据，READS SQL DATA 只读取数据不修改数据，一般选择 NO SQL。如果不想选择，那么可以执行语句"SET GLOBAL log_bin_trust_function_creators=TRUE;"。
- 在默认情况下，SQL 语句以分号结束，即系统遇到分号时执行该语句。如果需要定义新的语句结束符，那么可以使用 DELIMITER 命令实现。

DELIMITER 命令的语法格式如下：

```
DELIMITER  语句结束符
```

需要注意的是，DELIMITER 和语句结束符之间至少要有一个空格。

示例 11-1　创建函数 fun_product，计算 123*987 的积。

程序代码如下：

```
DELIMITER //
CREATE FUNCTION fun_product()
RETURNS INT NO SQL
BEGIN
    DECLARE x INT;
    RETURN 123*987;
END//
```

2）调用函数

完成函数创建，相当于厨师学会了做菜，如果没有人请他做菜，那么他空有一身本事，当有人点餐时，厨师才真正工作。函数也一样，创建之后需要调用，调用函数才能真正完成特定的功能。

函数可以直接在表达式中使用，具体如下：

```
SELECT 函数名();
```

示例 11-2   调用函数 fun_product。

程序代码如下：

```
SELECT fun_product()//
DELIMITER;
```

运行结果如图 11-1 所示。

思考：使用 fun_product 函数只能计算 123*987 的积，能否把该函数扩展为计算两个整数的乘积？

图 11-1   示例 11-2 的运行结果

3. 创建与调用带参数的函数

1）常量

常量一般包括字符串常量、数值常量、日期和时间常量、布尔值、空值等，如表 11-1 所示。

表 11-1   常量的类型

常量的类型	说明	应用示例
字符串常量	必须用单引号或双引号引起来	'a'和"a"
数值常量	包括整型常量和包含小数点的浮点型常量	123、987 和 1.2
日期和时间常量	必须符合日期和时间的标准规范，必须用单引号或双引号引起来	"2023-2-14 13:14:00" "2023-5-1"
布尔常量	包括 TRUE 和 FALSE 两个值	TRUE 和 FALSE
空值	空值 NULL 表示"没有值"，可以使用各种数据类型	NULL

2）变量

变量用于临时存储数据，其值在程序运行过程中可能会发生变化。变量分为系统变量和用户变量。

187

MySQL 中有一些特定的变量，当 MySQL 服务器启动时，会读这些特定的变量以决定如何进行下一步。有些系统变量以“@@”为前缀，如@@Version 等，有些系统变量不以“@@”为前缀，如 Current_Date 等。

示例 11-3　通过系统变量@@Version、Current_Date、Current_Time 及 Current_User 查看系统版本、当前日期、当前时间和当前用户。

程序代码如下：

```
SELECT @@Version,Current_Date,Current_Time,Current_User;
```

运行结果如图 11-2 所示。

```
mysql> SELECT @@Version,Current_Date,Current_Time,Current_User;
+-----------+--------------+--------------+----------------+
| @@Version | Current_Date | Current_Time | Current_User   |
+-----------+--------------+--------------+----------------+
| 8.0.28    | 2023-02-22   | 08:42:47     | root@localhost |
+-----------+--------------+--------------+----------------+
1 row in set (0.00 sec)
```

图 11-2　示例 11-3 的运行结果

用户变量即用户自己定义的变量，在使用前应先用 DECLARE 声明，语法格式如下：

```
DECLARE 变量名 数据类型 [DEFAULT 默认值];
```

变量可以使用 SET 赋值，语法格式如下：

```
SET 变量名=值;
```

示例 11-4　创建函数 fun_productNew 计算两个整数的乘积，并调用该函数计算 123 和 987 的乘积。

程序代码如下：

```
DELIMITER //
CREATE FUNCTION fun_productNew()
RETURNS BIGINT NO SQL
BEGIN
   DECLARE num1, num2 INT;
   DECLARE s BIGINT;
   SET num1=123, num2=987;
   SET s=num1*num2;
   RETURN s;
END//
SELECT fun_productNew()//
DELIMITER ;
```

在一般情况下，尽管一个简单变量的值可以改变，但任何时刻只能保存一个值。程序所需的变量个数与数据量有关，计算两个整数的乘积需要两个数，因此需要两个变量，两个数的乘积也是一个数值，一般保存在一个新变量中，即需要 3 个变量。示例 11-4 的运行结果如图 11-3 所示。

3）参数

尽管函数 fun_productNew 通过变量保存数据，但仍然无法实现在函数调用时才输入值的功能，因为在定义函数 fun_productNew 时，需要为两个乘数赋值，而相乘的两个数与函数调用无关。

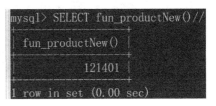

图 11-3　示例 11-4 的运行结果

一道菜，有人觉得超级好吃，有人觉得太辣，有人觉得不够辣，那老板应该怎么办呢？客人在点菜时，提前让服务员询问客人对辣味的要求，厨师根据客人对辣味的要求设置辣椒用量，这样每个客人都会满意。

设置辣味选项相当于设置了一个参数，这个参数必须提前设置，这样厨师就可以根据这个参数做菜，此时这个参数称为形式参数，即厨师炒菜时要考虑辣味。客人点餐时说出自己对辣味的要求，这是一个具体的值，如超辣、辣和微辣等，此时称为实际参数。

在定义函数时，可以设置形式参数，在调用函数时通过实际参数将值传给形式参数，完成数据处理。创建带参数函数的语法格式如下：

```
CREATE FUNCTION 函数名(形式参数)
RETURNS 返回值类型
DETERMINISTIC或NO SQL或READS SQL DATA
    函数体;
```

调用带参数函数的语法格式如下：

```
SELECT 函数名(实际参数);
```

示例 11-5　创建函数 fun_productExtend 计算两个整数的乘积，并调用该函数计算 123 和 987 的乘积。

程序代码如下：

```
DELIMITER //
CREATE FUNCTION fun_productExtend(num1 INT, num2 INT)
RETURNS BIGINT NO SQL
BEGIN
    DECLARE s BIGINT;
    SET s= num1* num2;
    RETURN s;
END//
SELECT fun_productExtend (123,987)//
DELIMITER ;
```

用户通过修改实际参数的值可以计算任意两个整数的乘积。示例 11-5 的运行结果如图 11-4 所示。

```
mysql> SELECT fun_productExtend (123,987)//
+-----------------------------+
| fun_productExtend (123,987) |
+-----------------------------+
|                      121401 |
+-----------------------------+
1 row in set (0.00 sec)
```

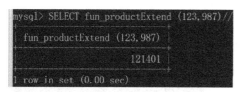

图 11-4　示例 11-5 的运行结果

思考：使用函数 fun_productExtend 能计算两个整数的乘积，能否实现只计算两个正整数的乘积呢？

4）运算符与表达式

MySQL 中的运算符主要包括算术运算符、比较运算符、逻辑运算符和位运算符，其中前 3 类比较常用。表达式是由数字、运算符、数字分组符号、自由变量和约束变量等以能求得数值的有意义排列方法所得的组合，如(1+2)*3。表达式中可以使用多种运算符，但不同运算符有对应的优先级。关于比较运算符和逻辑运算符的相关内容请参考项目 5，其他常见运算符及其优先级请参考附录 C。

4. 查看与删除函数

1）查看函数

创建好的函数第一次运行时正常执行，如果再执行一次，那么系统提示函数已存在，会出错，如再创建 fun_productExtend 函数，运行结果如图 11-5 所示。

```
mysql> CREATE FUNCTION fun_productExtend(num1 INT, num2 INT)
    -> RETURNS BIGINT NO SQL
    -> BEGIN
    -> DECLARE s BIGINT;
    -> SET s= num1* num2;
    -> RETURN s;
    -> END//
Query OK, 0 rows affected (0.01 sec)

mysql> CREATE FUNCTION fun_productExtend(num1 INT, num2 INT)
    -> RETURNS BIGINT NO SQL
    -> BEGIN
    -> DECLARE s BIGINT;
    -> SET s= num1* num2;
    -> RETURN s;
    -> END//
ERROR 1304 (42000): FUNCTION fun_productExtend already exists
```

图 11-5　运行结果

可以使用 SHOW CREATE FUNCTION 语句查看已存在的函数、了解函数的定义，语法格式如下：

```
SHOW CREATE FUNCTION 函数名;
```

示例 11-6　查看 fun_productExtend 函数的定义。

程序代码如下：

```
SHOW CREATE FUNCTION fun_productExtend;
```

2）删除函数

不需要的函数可以删除。删除函数使用 DROP FUNCTION 语句，语法格式如下：

```
DROP FUNCTION [IF EXISTS] 函数名;
```

说明：在删除函数时，如果函数不存在就会报错，所以删除函数时可以加上关键字 IF EXISTS。

示例 11-7　删除函数 fun_productExtend。

程序代码如下：

```
DROP FUNCTION IF EXISTS fun_productExtend;
```

5. 复杂函数体的设计

虽然使用函数 fun_productExtend 可以计算任意两个整数的乘积，如果用户要求两个正整数相乘，程序无法判断，只能靠用户自己控制正整数的输入，这就增加了出错风险。如果先判断用户输入的数据，只有两个数都是正整数才开始计算，就需要增加函数体处理逻辑的复杂性，也就需要更复杂的编程。

复杂程序一般包括 3 种基本结构，分别为顺序结构、选择结构和循环结构。顺序结构就是从上至下逐行执行，不需要专门的控制语句；选择结构根据判断结果执行不同的语句，一般用 IF 和 CASE 等语句实现；循环语句在满足循环条件时反复执行，当不满足循环条件时结束循环，一般用 WHILE、REPEAT 和 LOOP 等语句实现。

1）简单的 IF 语句

使用 IF 语句需要解决几个关键问题：先设置一个判断条件，再确定条件成立时需要做什么，条件不成立时需要做什么。IF 语句的语法格式如下：

```
IF 条件表达式  THEN
    条件成立时执行的语句
ELSE
    条件不成立时执行的语句
END IF;
```

示例 11-8　创建函数 fun_productPositive，计算两个正整数的乘积，如果不是两个正整数就返回-1。请调用函数 fun_productPositive 计算-123 和 987 的乘积。

程序代码如下：

```
DELIMITER //
DROP FUNCTION IF EXISTS fun_productPositive;
CREATE FUNCTION fun_productPositive(num1 INT, num2 INT)
RETURNS BIGINT NO SQL
BEGIN
   DECLARE s BIGINT;
   IF num1>0 AND num2>0 THEN
      SET s= num1* num2;
   ELSE
      SET s=-1;
   END IF;
```

```
RETURN s;
END//
SELECT fun_productPositive(-123,987)//
DELIMITER ;
```

num1>0 AND num2>0 是判断条件，若满足判断条件则计算两个整数的乘积，若不满足判断条件则结果为-1。示例 11-8 的运行结果如图 11-6 所示。

图 11-6　示例 11-8 的运行结果

2）嵌套的 IF 语句

简单的 IF 语句最多只能表示两种情况，即条件成立和条件不成立。如果有多种可能的情况，那么可以通过嵌套的 IF 语句来实现。IF 语句可以多层嵌套。嵌套的 IF 语句的语法格式如下：

```
IF 条件表达式1　THEN
    条件表达式1成立时执行的语句
ELSEIF 条件表达式2　THEN
    条件表达式1不成立且条件表达式2成立时执行的语句
ELSE
    条件表达式2不成立时执行的语句
…
END IF;
```

示例 11-9　定义函数 fun_productPositiveNew，计算两个正整数的积，若两个都是正整数则计算，若只有一个正整数则返回-1，若两个都不是正整数则返回-2。请调用函数 fun_productPositiveNew 计算-123 和-987 的乘积。

程序代码如下：

```
DELIMITER //
DROP FUNCTION IF EXISTS fun_productPositiveNew;
CREATE FUNCTION fun_productPositiveNew(num1 INT, num2 INT)
RETURNS BIGINT NO SQL
BEGIN
    DECLARE s BIGINT;
    IF num1>0 AND num2>0 THEN
        SET s= num1*num2;
    ELSEIF num1<0 AND num2<0 THEN
        SET s=-2;
    ELSE
```

```
      SET s=-1;
   END IF;
   RETURN s;
END//
SELECT fun_productPositiveNew(-123,-987)//
DELIMITER;
```

如果满足 num1>0 AND num2>0，那么说明两个数都是正整数，否则有 3 种情况：两个整数都不是正整数；第 1 个整数不是正整数，但第 2 个整数是正整数；第 1 个整数是正整数，但第 2 个整数不是正整数。在这 3 种情况下判断条件为 num1<0 AND num2<0，若满足条件则说明两个整数都不是正整数，若不满足条件则包括 2 种情况：第 1 个整数不是正整数，但第 2 个整数是正整数；第 1 个整数是正整数，但第 2 个整数不是正整数。这两种情况都只有一个正整数，不需要再进一步判断。示例 11-9 的运行结果如图 11-7 所示。

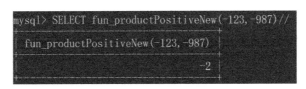

图 11-7 示例 11-9 的运行结果

3）CASE 语句

当选择的分支比较多时，还可以使用 CASE 语句，语法格式如下：

```
CASE
    WHEN 条件表达式结果1 THEN 语句1
    WHEN 条件表达式结果2 THEN 语句2
    …
    WHEN 条件表达式结果n THEN 语句n
ELSE  其他情况执行的语句
END CASE;
```

示例 11-10 利用 CASE 语句改写函数 fun_productPositiveNew。

```
DELIMITER //
DROP FUNCTION IF EXISTS fun_productPositiveNew;
CREATE FUNCTION fun_productPositiveNew(num1 INT, num2 INT)
RETURNS BIGINT NO SQL
BEGIN
    DECLARE s BIGINT;
    CASE
        WHEN num1>0 AND num2>0 THEN SET s= num1* num2;
        WHEN num1<0 AND num2<0 THEN SET s=-2;
        ELSE  SET s=-1;
    END CASE;
```

```
    RETURN s;
END//
SELECT fun_productPositiveNew(-123,-987)//
DELIMITER ;
```

使用 CASE 语句实现多分支结构，在很多情况下程序更简洁。

4）WHILE 语句

使用 WHILE 语句需要解决几个主要问题：首先设置循环条件，然后确定循环体（要反复做什么），最后确定循环控制变量的步长值。在循环之前一般需要设置控制变量和其他变量的初值。WHILE 语句的语法格式如下：

```
循环控制变量赋初值；
WHILE 条件表达式 DO
    循环体语句
END WHILE;
```

示例 11-11　定义 fun_customSum 函数，计算 1～100 所有正整数之和。

程序代码如下：

```
DELIMITER //
DROP FUNCTION IF EXISTS fun_customSum;
CREATE FUNCTION fun_customSum()
RETURNS BIGINT NO SQL
BEGIN
    DECLARE s BIGINT DEFAULT 0;
    DECLARE i INT DEFAULT 1;
    WHILE i<=100 DO
        SET s=s+i;
        SET i=i+1;
    END WHILE;
    RETURN s;
END//
SELECT fun_customSum ()//
DELIMITER ;
```

这是一个典型的循环结构，需要设置一个循环变量 i，其初值为 1，条件为 i<=100，步长值为 1，即 i=i+1。求 1～100 共 100 个数的和，反复做的工作是两个数求和，即每次利用前面的结果加上当前整数。可设置一个求和变量 s，求和可用 s=s+i 表示，当第 1 个数求和时，要设置 s 的初始值 s=0。初始值只需要设置 1 次，因此 i=1 和 s=0 应放在循环体之前，而 s=s+i 和 i=i+1 要反复执行，应放在循环体之内。示例 11-11 的运行结果如图 11-8 所示。

图 11-8　示例 11-11 的运行结果

5）REPEAT 语句

REPEAT 语句与 WHILE 语句的功能相似，只是 WHILE 语句先检查循环条件，只有满足循环条件才执行循环体，而 REPEAT 语句先执行循环体后进行条件判断，不满足循环条件时继续循环，满足循环条件时结束循环。当使用 REPEAT 语句实现循环时，循环体至少要执行 1 次。REPEAT 语句的语法格式如下：

循环控制变量赋初值；
REPEAT
　　循环体语句
UNTIL 条件表达式
END REPEAT；

示例 11-12　使用 REPEAT 语句改写 fun_customSum 函数。

```
DELIMITER //
DROP FUNCTION IF EXISTS fun_customSum;
CREATE FUNCTION fun_customSum()
RETURNS BIGINT NO SQL
BEGIN
    DECLARE s BIGINT DEFAULT 0;
    DECLARE i INT DEFAULT 1;
    REPEAT
        SET s=s+i;
        SET i=i+1;
    UNTIL i>100
    END REPEAT;
    RETURN s;
END//
SELECT fun_customSum ()//
DELIMITER ;
```

6）LOOP 语句

LOOP 语句的语法格式如下：

循环控制变量赋初值；
开始标号：LOOP
　　循环体语句
END LOOP；

说明：LOOP 语句不能自动结束循环，在循环体中需要设置退出循环的条件，当满足循环结束条件时，使用 LEAVE 语句跳出循环控制。LEAVE 语句的语法格式如下：

LEAVE 标号；

示例 11-13　使用 LOOP 语句改写 fun_customSum 函数。

程序代码如下：

```
DELIMITER //
DROP FUNCTION IF EXISTS fun_customSum;
CREATE FUNCTION fun_customSum()
RETURNS BIGINT NO SQL
BEGIN
    DECLARE s BIGINT DEFAULT 0;
    DECLARE i INT DEFAULT 1;
    Lsum:LOOP
            SET s=s+i;
        SET i=i+1;
        IF i>100 THEN
                LEAVE Lsum;
        END IF;
    END LOOP;
    RETURN s;
END//
SELECT fun_customSum ()//
DELIMITER ;
```

6. 使用 Navicat 管理函数

1）查看函数

（1）启动 Navicat，先选择指定连接，再选择指定数据库。

（2）单击"函数"图标，显示数据库中当前的所有函数列表，如图 11-9 所示。

图 11-9   所有函数列表

2）新建函数

示例 11-14   新建函数 pro_addition，计算两个整数之和。

（1）选中图 11-9 中的一个函数或在空白处右击，在弹出的快捷菜单中选择"新建函数"命令。

（2）打开"函数向导"窗口，输入函数名，选中"函数"单选按钮，如图 11-10 所示，单击"完成"按钮。

图 11-10　"函数向导"窗口

（3）单击"下一步"按钮，设置函数参数。"＋"表示增加参数，"－"表示删除参数，"↑"和"↓"分别表示向上和向下移动选中的参数。设置两个整型参数 num1 和 num2，但要一个一个地增加，如图 11-11 所示。

图 11-11　设置函数参数

（4）单击"下一步"按钮，设置函数返回值（可设置返回类型、长度、小数点、字符集等），如图 11-12 所示。

图 11-12　设置函数返回值

（5）在完成类型选择、参数设置、返回值类型设置后，单击"完成"按钮，返回 Navicat 主界面，已自动生成函数，根据情况补充参数定义，完善函数体，如图 11-13 所示。单击代码框左上方的"保存"按钮保存函数。

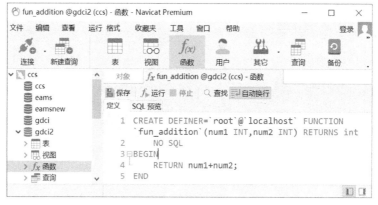

图 11-13　完善函数体

3）运行函数

（1）保存函数后，单击图 11-13 中代码框上方的"运行"按钮，打开"输入参数"对话框，输入参数后，单击"确定"按钮，如图 11-14 所示。

图 11-14　"输入函数"对话框

（2）运行结果如图 11-15 所示。切换至"信息"选项卡，查看运行信息和运行时间，如图 11-16 所示。切换至"定义"选项卡，查看程序代码。

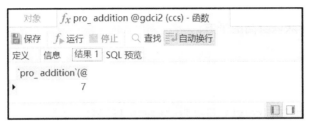

图 11-15　示例 11-14 的运行结果

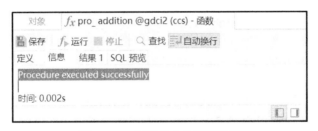

图 11-16　运行信息和运行时间

4）关闭函数窗口

将光标移到函数文档选项卡上，显示"关闭"按钮，如图 11-17 所示，单击该按钮关闭函数文档选项卡。需要注意的是，"关闭"按钮平时是隐藏的。

图 11-17　关闭函数文档选项卡

5）其他操作

在图 11-13 中，切换至"对象"选项卡，显示函数列表，选中指定函数并右击，弹出的快捷菜单中包括如下命令。

- "设计函数"命令：选择该命令可以打开"函数定义"窗口，在该窗口中可以修改和保存函数。另外，双击函数名也可以打开"函数定义"窗口。
- "删除函数"命令：选择该命令可以删除指定函数。
- "重命名"命令：选择该命令可以修改函数名称。

【任务实施】

任务 11-1　设计计算体重指数 BMI 值的函数。

设计函数 fun_BMI，根据体重（单位：千克）和身高（单位：米）计算体重指数 BMI 值，计算方法为体重除以身高的平方。

程序代码如下：

```
DELIMITER //
DROP FUNCTION IF EXISTS fun_BMI;
CREATE FUNCTION fun_BMI(weight FLOAT, height FLOAT)
RETURNS FLOAT NO SQL
BEGIN
    RETURN weight/( height* height);
END//
SELECT fun_BMI(90,1.8)//
DELIMITER ;
```

任务 11-2　设计根据不同时间提示不同问候语的函数。

粤文创 App 需要根据用户登录时间提示不同的问候语，登录时，读取系统当前时间的小时值。问候语生成规则如下：07:00—12:00 显示"上午好"，13:00—19:00 显示"下午好"，00:00—06:00 和 20:00—24:00 显示"晚上好"。请设计函数 fun_greetings 实现以上功能。

分析：尽管可以在函数内部直接读取当前时间，但这会降低函数的通用性，此时函数只能根据当前时间来生成问候语。通过设置时间点参数，先通过主程序读取当前时间再传给函数 fun_greetings，该函数可以生成任何时间的问候语，包括系统当前时间和任意指定时间。

程序代码如下：

```
DELIMITER //
DROP FUNCTION IF EXISTS fun_greetings;
CREATE FUNCTION fun_greetings(hour INT)
RETURNS VARCHAR(10) NO SQL
BEGIN
    DECLARE str VARCHAR(10);
    IF hour>=7 AND hour<=12 THEN
```

```
        SET Str="上午好";
    ELSEIF hour>=13 AND hour<=19 THEN
        SET Str="下午好";
    ELSE
        SET Str="晚上好";
    END IF;
    RETURN str;
END//
SELECT fun_greetings(HOUR(CURRENT_TIME()))//
DELIMITER ;
```

任务 11-3 设计抽奖函数。

请为粤文创项目设计一个抽奖函数 fun_prize，抽奖规则如下：每次随机产生一个数字，连续产生次数由用户决定。

分析：循环条件与循环变量的初值有关，i 的初值为 0，循环条件为 i<frequency，i 的初值为 1，循环条件为 i<=frequency。RAND()只能产生(0,1)的随机数，将产生的随机数扩大 10 倍后，其范围达到(0,10)，向下取整后为整数[0,9]。因为不知道用户设计中奖号码的长度，所以其数据类型为 VARCHAR(100)，并且是整数。

程序代码如下：

```
DELIMITER //
DROP FUNCTION IF EXISTS fun_prize;
CREATE FUNCTION fun_prize (frequency INT)
RETURNS VARCHAR(100) NO SQL
BEGIN
    DECLARE str VARCHAR(100) DEFAULT "";
    DECLARE i INT DEFAULT 0;
    DECLARE number INT DEFAULT 0;
    WHILE(i<frequency) DO
        SET number= FLOOR (RAND()*10);
        SET str= CONCAT(str,CONVERT(number,CHAR));
        SET i= i+1;
    END WHILE;
    RETURN str;
END//
SELECT fun_prize (6)//
DELIMITER ;
```

拓展任务 11-1 粤文创项目推出健康咨询机器人。

机器人可以根据体重（单位：千克）和身高（单位：米）判断用户的健康情况，并给出建议：如果体重指数 BMI 值小于 18.5，那么提示"体重过低，可能存在其他健康问题"；如果体重指数 BMI 值介于 18.5 和 23.9 之间，那么提示"正常体重，请继续保持良好的生活方式";如果体重指数 BMI 值介于 24.0 和 27.9 之间,那么提示"超重,请通过合理饮食、有效运动达到理想体重";如果体重指数 BMI 值大于或等于 28,那么提示"肥胖,请尽快采用合理饮食、运动能量平衡的治疗方法来减肥吧"。请设计函数 fun_consulting 实现以上功能。

分析:fun_consulting 函数调用了 fun_BMI 函数,一定要确保 fun_BMI 函数存在。

程序代码如下:

```
DELIMITER //
DROP FUNCTION IF EXISTS fun_consulting;
CREATE FUNCTION fun_consulting(weight FLOAT, height FLOAT)
RETURNS VARCHAR(50) NO SQL
BEGIN
    DECLARE str VARCHAR(100) DEFAULT "";
    DECLARE res FLOAT;
    SET res =ROUND(fun_BMI(weight, height),1);
    IF res<18.5 THEN
        SET str="体重过低,可能存在其他健康问题";
    ELSEIF  res<23.9 THEN
        SET str="正常体重,请继续保持良好的生活方式";
    ELSEIF  res<23.9 THEN
        SET str="超重,请通过合理饮食、有效运动达到理想体重";
    ELSE
        SET str="肥胖,请尽快采用合理饮食、运动能量平衡的治疗方法来减肥吧";
    END IF;
    RETURN str;
END//
SELECT fun_consulting(90,1.8)//
DELIMITER ;
```

拓展任务 11-2 粤文创项目推出生日送生肖礼。

设计函数 fun_zodiac 实现根据出生年份查询生肖的功能。

分析:生肖是重复出现的,每隔 12 年又是同一个生肖,因此,同一个生肖的年份除以 12 的余数是相同的,所以查找余数与生肖的对应关系即可。比较简单的办法是,先根据自己的出生年份确定那一年的生肖,这样就可以快速找到这种对应关系,再以此类推。

程序代码如下:

```
DELIMITER //
DROP FUNCTION IF EXISTS fun_zodiac;
CREATE FUNCTION fun_zodiac (year INT)
RETURNS VARCHAR(2) NO SQL
BEGIN
    DECLARE str VARCHAR(2) DEFAULT "";
```

```
    DECLARE r INT;
    SET r= year MOD 12;
    CASE
        WHEN r=0 THEN    SET str="猴";
        WHEN r=1 THEN    SET str="鸡";
        WHEN r=2 THEN    SET str="狗";
        WHEN r=3 THEN    SET str="猪";
        WHEN r=4 THEN    SET str="鼠";
        WHEN r=5 THEN    SET str="牛";
        WHEN r=6 THEN    SET str="虎";
        WHEN r=7 THEN    SET str="兔";
        WHEN r=8 THEN    SET str="龙";
        WHEN r=9 THEN    SET str="蛇";
        WHEN r=10 THEN   SET str="马";
        WHEN r=11 THEN   SET str="羊";
    END CASE;
    RETURN str;
END//
SELECT fun_zodiac (1986)//
DELIMITER ;
```

拓展任务 11-3　为用户昵称设计加密算法。

为了提高系统的安全性，粤文创项目为用户昵称（包含英文字母和数字）设计了加密算法，英文字母改变大小写，非 0 数字转换为对应的补数，其他字符不变。请设计函数 fun_encryption 实现以上功能。

分析：大写英文字母的 ASCII 码值的范围是[65,90]，小写英文字母的 ASCII 码值的范围是[97,112]，将大写英文字母转换为小写英文字母只需要使 ASCII 码值加 32，反之减 32，也可以使用大小写转换函数。一个数字和它的补数之和为 10，所以补数可以使用 10 减这个数求得，数字字符"1"至"9"对应的 ASCII 码值为[49,57]，数字字符的 ASCII 码值减 48 即可得到对应的数字值。

程序代码如下：

```
DELIMITER //
DROP FUNCTION IF EXISTS fun_encryption;
CREATE FUNCTION fun_encryption(str VARCHAR(100))
RETURNS VARCHAR(100) NO SQL
BEGIN
    DECLARE encryptionstr VARCHAR(100) DEFAULT "";
    DECLARE i INT DEFAULT 1;
    DECLARE c CHAR(1);
    DECLARE len INT DEFAULT 0;
```

```
        SET len= char_length(str);
        WHILE(i<=len) DO
            SET c=SUBSTR(str,i,1);
            IF ASCII(c)>=65 AND ASCII(c)<=90 THEN
                SET c=CHAR(ASCII(c)+32);
            ELSEIF ASCII(c)>=97 AND ASCII(c)<=112 THEN
                SET c= CHAR(ASCII(c)-32);
            ELSEIF ASCII(c)>=49 AND ASCII(c)<=57 THEN
                SET c= CHAR(10-(ASCII(c)-48)+48);
            END IF;
            SET encryptionstr = CONCAT(encryptionstr,c);
            SET i= i+1;
        END WHILE;
        RETURN encryptionstr;
END//
SELECT fun_encryption("AbC135")//
DELIMITER ;
```

任务 2　使用存储过程

【任务分析】

函数会向调用者返回一个结果值，且其参数类型也只有一种。函数的限制比较多，很多时候不能满足用户需求。存储过程的参数类型有 3 种，包括输入参数、输出参数和输入/输出参数，使用更加灵活。

小王对粤文创项目进行分析后得到的任务清单如下。

任务编号	任务内容
任务 11-4	创建存储过程 pro_cleanname，对粤文创项目的工作人员表 user 中的 userName 字段进行清洗，把姓名只有一个字的用户删除，并返回删除记录数
任务 11-5	创建存储过程 pro_cleanage，对粤文创项目的工作人员表 user 中的 birthday 字段进行清洗，合理的年龄范围为[0,150]，删除不合理的记录，并返回删除记录数
任务 11-6	创建存储过程 pro_queryuser，输入用户姓名，在粤文创项目的工作人员表 user 中查询该用户的 fkTitle 字段、gender 字段、nation 字段、birthday 字段、nativePlace 字段和 phone 字段
拓展任务 11-4	创建存储过程 pro_supplementnation，对粤文创项目的工作人员表 user 中的 nation 字段进行清洗，为没有"族"字的记录补充"族"字，并返回修改记录数
拓展任务 11-5	创建存储过程 pro_cleannation，对粤文创项目的工作人员表 user 中的 nation 字段进行清洗，将有错误的记录显示出来，并返回输入错误的用户数
拓展任务 11-6	创建存储过程 pro_cleanfkTitle，对粤文创项目的工作人员表 user 中的 fkTitle 字段进行清洗，删除不满足职称和年龄关系的记录

【知识储备】

1. 存储过程简介

存储过程是一组为了完成特定功能的 SQL 语句集,是数据库中的一个重要对象。在数据量特别大的情况下利用存储过程可以显著提升效率。

1)存储过程的优点

(1)重复使用:存储过程可以重复使用,这不仅减少了开发人员的工作量,还提高了效率。

(2)减少网络流量:存储过程位于服务器上,客户端通过存储过程和参数调用返回结果,不需要将大量原始数据传给客户端,因此降低了网络传输的数据量。

(3)安全性:存储过程的参数化可以防止 SQL 注入,可以将 Grant、Deny 和 Revoke 权限应用于存储过程中。

2)存储过程的缺点

(1)存储过程存储在数据库服务器端,需要在数据库服务器环境中调试,项目上线后,存储过程的调试和维护相对来说比较麻烦。

(2)存储过程在数据库服务器环境中运行,当进行版本差别很大的服务器更新,甚至更换数据库服务器类型时,数据库的迁移比较麻烦,甚至可能需要重写存储过程。

2. 创建与调用没有参数的存储过程

1)创建没有参数的存储过程

使用 PROCEDURE 创建存储过程的语法格式如下:

```
CREATE PROCEDURE 存储过程名()
存储过程体
```

需要说明以下几点。

- 在创建存储过程之前需要设置好当前数据库,存储过程名一般由字母、数字和下画线组成。
- 存储过程名建议以 pro_ 作为前缀,从而与其他数据库对象进行区分。
- 存储过程体是存储过程的主体部分,可以充分使用本项目任务 1 中介绍的变量、常量、控制语句和函数等,存储过程体一般放在 BEGIN…END 语句之中。

2)调用没有参数的存储过程

使用 CALL 调用存储过程的语法格式如下:

```
CALL 存储过程名();
```

示例 11-15　创建存储过程 pro_QueryAll(),先查询工作人员表 user 的前 3 条记录,再运行该存储过程。

程序代码如下：

```
DELIMITER //
CREATE PROCEDURE pro_QueryAll()
BEGIN
    SELECT * FROM user LIMIT 3;
END//
CALL pro_QueryAll()//
DELIMITER ;
```

这个存储过程其实是将查询放置在存储过程体中，有查询知识和技能的支撑，只要简单地添加存储过程固定语法即可完成任务。示例 11-15 的运行结果如图 11-18 所示（运行结果与数据源有关，不同的数据源会产生不同的运行结果，关键是要确保命令正确）。

```
mysql> CALL pro_QueryAll()//
+--------+----------+------------+--------+--------+------------+-------------+-------------+
| userId | userName | fkTitle    | gender | nation | birthday   | nativePlace | phone       |
+--------+----------+------------+--------+--------+------------+-------------+-------------+
|      6 | 张宏峰   | 副研究员   | 男     | 汉族   | 1986-10-09 | 广东广州    | 138383XX383 |
|     11 | 陈醇     | 副研究员   | 男     | 汉族   | 1986-08-01 | 广西南宁    | 131123XX678 |
|     12 | 李欣     | 助理研究员 | 女     | 汉族   | 1992-06-01 | 江西南昌    | 133333XX666 |
+--------+----------+------------+--------+--------+------------+-------------+-------------+
3 rows in set (0.01 sec)

Query OK, 0 rows affected (0.02 sec)
```

图 11-18　示例 11-15 的运行结果

3. 创建与调用带参数的存储过程

1）创建带参数的存储过程

创建带参数的存储过程的语法格式如下：

```
CREATE PROCEDURE 存储过程名(形参列表)
存储过程体
```

需要说明以下几点。

- 形参有 3 种类型，分别为输入参数、输出参数和输入/输出参数，其对应的关键字分别为 IN、OUT 和 INOUT。
- 存储过程可带一个或多个参数，每个参数必须指明参数的类型、名称和数据类型。若没有标明参数类型，则采用默认值，即输入参数。

2）调用带参数的存储过程

调用带参数的存储过程的语法格式如下：

```
CALL 存储过程名(实参列表);
```

需要说明以下几点。

- 实参的数量与顺序必须和形参的一致。
- 输入参数需要先赋值，输出参数不需要先赋值。

• 如果没有声明直接使用用户自定义变量，那么可以在变量前面加“@”。

示例 11-16 创建存储过程 pro_QueryAllN，查询前 n 个用户的信息，n 由用户调用时输入。

程序代码如下：

```
DELIMITER //
CREATE PROCEDURE pro_QueryAllN(n INT)
BEGIN
    SELECT * FROM user LIMIT n;
END//
CALL pro_QueryAllN(2)//
DELIMITER ;
```

由用户控制显示记录数目，并且更具灵活性。示例 11-16 的运行结果如图 11-19 所示。

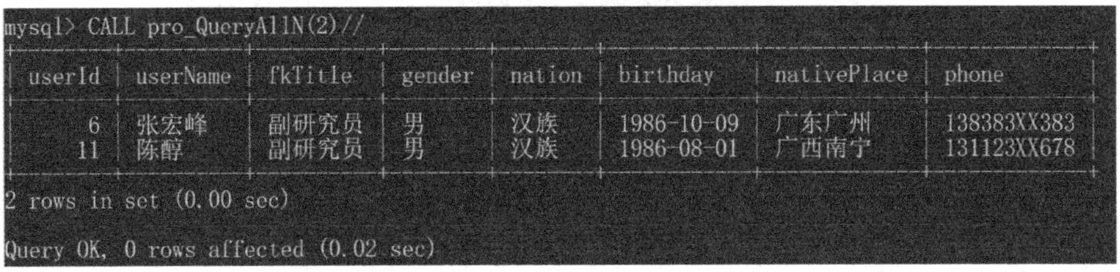

```
mysql> CALL pro_QueryAllN(2)//
+--------+----------+------------+--------+--------+------------+-------------+-------------+
| userId | userName | fkTitle    | gender | nation | birthday   | nativePlace | phone       |
+--------+----------+------------+--------+--------+------------+-------------+-------------+
|      6 | 张宏峰   | 副研究员   | 男     | 汉族   | 1986-10-09 | 广东广州    | 138383XX383 |
|     11 | 陈醇     | 副研究员   | 男     | 汉族   | 1986-08-01 | 广西南宁    | 131123XX678 |
+--------+----------+------------+--------+--------+------------+-------------+-------------+
2 rows in set (0.00 sec)

Query OK, 0 rows affected (0.02 sec)
```

图 11-19 示例 11-16 的运行结果

示例 11-17 创建存储过程 pro_QueryByName，输入用户姓名，查询其编号、性别、电话，并调用该存储过程。

程序代码如下：

```
DELIMITER //
CREATE PROCEDURE pro_QueryByName (IN iName VARCHAR(8), OUT oID SMALLINT, OUT
oGender VARCHAR(2), OUT  oPhone VARCHAR(13))
BEGIN
    SELECT userId, gender, phone INTO oid, oGender, oPhone FROM user WHERE username=
iName;
END//
CALL pro_QueryByName("张宏峰", @ID, @gender, @phone);
SELECT @ID, @gender, @phone;
CALL pro_QueryByName("陈小锋",@ID ,@gender ,@phone );
SELECT @ID, @gender, @phone//
DELIMITER ;
```

1 个输入参数为姓名，3 个输出参数分别为编号、性别和电话，所以需要设置 4 个变量。这 4 个变量与工作人员表 user 中的 4 个字段对应，因此它们的数据类型要与对应字段的数据类型一致（字段的数据类型可查询数据字典，也可使用 DESC 命令在线查询）。ID、gender 和 phone 没有事先声明，而是直接在变量前加“@”。示例 11-17 的运行结果如图 11-20 所示（查到了张宏峰的相关信息，没有查到陈小锋的相关信息，运行结果与数据源有关）。

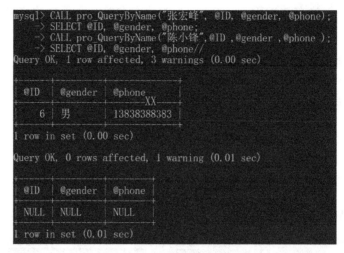

图 11-20　示例 11-17 的运行结果

4. 管理存储过程

1）查询存储过程

查询当前数据库包括系统存储过程在内的所有存储过程信息，即存储过程所属数据库，以及存储过程的名称、类型和各种状态值等，语法格式如下：

```
SHOW PROCEDURE STATUS;
```

查询存储过程的语法格式如下：

```
SHOW CREATE PROCEDURE 存储过程名;
```

示例 11-18　查询存储过程 pro_QueryAllN。

程序代码如下：

```
SHOW CREATE PROCEDURE pro_QueryAllN;
```

2）删除存储过程

可以使用 DROP PROCEDURE 删除存储过程，语法格式如下：

```
DROP PROCEDURE [IF EXISTS]存储过程名;
```

删除不存在的存储过程会报错，在删除前可以使用[IF EXISTS]判断存储过程是否存在。

示例 11-19　删除存储过程 pro_QueryAll()。

程序代码如下：

```
DROP PROCEDURE IF EXISTS pro_QueryAll;
```

5. 使用 Navicat 管理存储过程

在 Navicat 中，函数与存储过程在同一位置显示。要创建存储过程，必须在"函数向导"窗口中选中"过程"单选按钮，其他与创建函数相同。存储过程的运行、修改、查看、重命名和删除等操作与函数的相关操作相同。

6. 使用游标

1）游标的简介

游标是处理数据的一种方法。为了查看或处理结果集中的数据，游标提供了在结果集中一次一行或多行前进或向后浏览数据的能力。游标在部分资料中也被称为光标。

游标的使用流程为声明游标、打开游标、读取游标和关闭游标。

2）声明游标

声明游标的语法格式如下：

```
DECLARE 游标名 CURSOR FOR 查询语句;
```

说明：将游标与指定的查询语句的结果集关联起来，查询语句不能使用 INTO 关键字。

3）打开游标

打开游标的语法格式如下：

```
OPEN 游标名;
```

4）读取游标

读取游标的语法格式如下：

```
FETCH 游标名 INTO 变量列表
```

说明：将游标指向的一行记录或多个数据赋给对应的变量，变量的个数必须与游标的数据个数一致。变量列表中的各个变量必须事先定义好，并且变量的类型必须与对应字段的类型一致。

5）关闭游标

关闭游标的语法格式如下：

```
CLOSE 游标名;
```

示例 11-20 创建存储过程 pro_QueryName，查询姓名最长的用户的姓名。

程序代码如下：

```
DELIMITER //
DROP PROCEDURE IF EXISTS pro_QueryName;
CREATE PROCEDURE pro_QueryName(OUT oName VARCHAR(10))
BEGIN
    DECLARE tname,lname VARCHAR(10);
    DECLARE done INT DEFAULT 0;
    DECLARE cur_name CURSOR FOR SELECT userName FROM user;
    DECLARE continue HANDLER FOR NOT FOUND SET done = 1;
    OPEN cur_name;
    FETCH cur_name INTO tname;
```

```
    SET lname= tname;
    WHILE(NOT done) DO
        IF CHAR_LENGTH(lname)< CHAR_LENGTH(tname) THEN
            SET lname= tname;
        END IF;
        FETCH cur_name INTO tname;
    END WHILE;
    CLOSE cur_name;
    SET oName= lname;
END //
CALL pro_QueryName (@name);
SELECT @name//
DELIMITER ;
```

先假设第 1 个用户的姓名最长，再通过循环将其与后面的用户的姓名进行比较，如果发现后面的某个用户的姓名更长，那么他就是姓名最长的用户，记录其姓名。示例 11-20 的运行结果如图 11-21 所示（运行结果与数据源有关）。

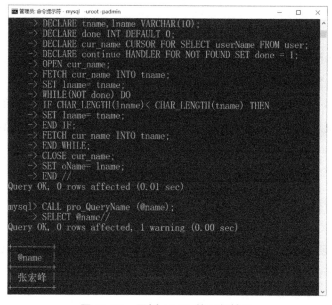

图 11-21　示例 11-20 的运行结果

【任务实施】

任务 11-4　创建存储过程 pro_cleanname，对粤文创项目的工作人员表 user 中的 userName 字段进行清洗，把姓名只有一个字的用户删除，并返回删除记录数。

分析：先统计姓名只有一个字的用户作为返回值，再删除姓名只有一个字的用户记录。运行结果与数据源有关。

程序代码如下：

```
DELIMITER //
DROP PROCEDURE IF EXISTS pro_cleanname;
CREATE PROCEDURE pro_cleanname(OUT num INT)
BEGIN
    SELECT COUNT(*) INTO num FROM user WHERE CHAR_LENGTH (userName)=1;
    DELETE FROM user WHERE CHAR_LENGTH (userName)=1;
END//
CALL pro_cleanname(@num);
SELECT @num//
DELIMITER ;
```

任务 11-5　创建存储过程 pro_cleanage，对粤文创项目的工作人员表 user 中的 birthday 字段进行清洗，合理的年龄范围为[0,150]，删除不合理的记录，并返回删除记录数。

程序代码如下：

```
DELIMITER //
DROP PROCEDURE IF EXISTS pro_cleanage;
CREATE PROCEDURE pro_cleanage(OUT num INT)
BEGIN
    SELECT COUNT(*) INTO num FROM user WHERE NOT(YEAR(CURRENT_DATE())-YEAR(birthday)
BETWEEN 0 AND 150);
    DELETE FROM user WHERE NOT(YEAR(CURRENT_DATE())-YEAR(birthday) BETWEEN 0 AND
150);
END//
CALL pro_cleanage(@num);
SELECT @num//
DELIMITER ;
```

任务 11-6　创建存储过程 pro_queryuser，输入用户姓名，在粤文创项目的工作人员表 user 中查询该用户的 fkTitle 字段、gender 字段、nation 字段、birthday 字段、nativePlace 字段和 phone 字段。

程序代码如下：

```
DELIMITER //
DROP PROCEDURE IF EXISTS pro_queryuser;
CREATE PROCEDURE pro_queryuser(IN name VARCHAR (8),OUT ufkTitle VARCHAR(10), OUT
ugender VARCHAR(2), OUT unation VARCHAR(10), OUT ubirthday DATE, OUT unativePlace
VARCHAR(10), OUT uphone VARCHAR(13))
BEGIN
    SELECT fkTitle,gender,nation,birthday,nativePlace,phone INTO ufkTitle,ugender,unation,
ubirthday, unativePlace,uphone FROM user WHERE username= name;
END//
CALL pro_queryuser("李欣",@ufkTitle, @ugender, @unation, @ubirthday, @unativePlace,
```

```
@uphone);
SELECT @ufkTitle, @ugender, @unation, @ubirthday, @unativePlace , @uphone //
DELIMITER ;
```

拓展任务 11-4　创建存储过程 pro_supplementnation，对粤文创项目的工作人员表 user 中的 nation 字段进行清洗，为没有"族"字的记录补充"族"字，并返回修改记录数。

分析：民族的最后一个字一般为"族"，可用 RIGHT 函数提取。

程序代码如下：

```
DELIMITER //
DROP PROCEDURE IF EXISTS pro_supplementnation;
CREATE PROCEDURE pro_supplementnation(OUT num INT)
BEGIN
    SELECT COUNT(*) INTO num FROM user WHERE RIGHT(nation,1)<>"族";
    UPDATE user SET nation = CONCAT(nation ,"族")  WHERE RIGHT(nation,1)<>"族";
END//
CALL pro_supplementnation(@num);
SELECT @num//
DELIMITER ;
```

拓展任务 11-5　创建存储过程 pro_cleannation，对粤文创项目的工作人员表 user 中的 nation 字段进行清洗，将有错误的记录显示出来，并返回输入错误的用户数。

分析：先调用 pro_supplementnation 函数对 nation 字段进行清洗，再检查错误的 nation 字段的值。将中国所有民族的名称放在一个列表中，能在列表中找到的民族是正确的，否则说明民族的名称有误。

程序代码如下：

```
DELIMITER //
DROP PROCEDURE IF EXISTS pro_cleannation;
CREATE PROCEDURE pro_cleannation(OUT num INT)
BEGIN
    CALL pro_supplementnation(@num);
SELECT COUNT(*) INTO num FROM user WHERE nation NOT IN("汉族","满族","蒙古族","回族","藏族","维吾尔族","苗族","彝族","壮族","布依族","侗族","瑶族","白族","土家族","哈尼族","哈萨克族","傣族","黎族","傈僳族","佤族","畲族","高山族","拉祜族","水族","东乡族","纳西族","景颇族","柯尔克孜族","土族","达斡尔族","仫佬族","羌族","布朗族","撒拉族","毛南族","仡佬族","锡伯族","阿昌族","普米族","朝鲜族","塔吉克族","怒族","乌孜别克族","俄罗斯族","鄂温克族","德昂族","保安族","裕固族","京族","塔塔尔族","独龙族","鄂伦春族","赫哲族","门巴族","珞巴族","基诺族");
    SELECT * FROM user WHERE nation NOT IN("汉族","满族","蒙古族","回族","藏族","维吾尔族","苗族","彝族","壮族","布依族","侗族","瑶族","白族","土家族","哈尼族","哈萨克族","傣族","黎族","傈僳族","佤族","畲族","高山族","拉祜族","水族","东乡族","纳西族","景颇族","柯尔克孜族","土族","达斡尔族","仫佬族","羌族","布朗族","撒拉族","毛南族","仡佬族","锡伯族","阿昌族","普米族","朝鲜族","塔吉克族","怒族","乌孜别克族","俄罗斯族","鄂温克族","德昂族","保安族","裕
```

固族","京族","塔塔尔族","独龙族","鄂伦春族","赫哲族","门巴族","珞巴族","基诺族");

```
END//
CALL pro_cleannation(@num);
SELECT @num//
DELIMITER ;
```

拓展任务 11-6　创建存储过程 pro_cleanfkTitle，对粤文创项目的工作人员表 user 中的 fkTitle 字段进行清洗，删除不满足职称和年龄关系的记录。

具体规则如下：实习研究员应大于 20 岁，助理研究员应大于 23 岁，副研究员应大于 26 岁，研究员应大于 30 岁，返回输入错误的用户数。

程序代码如下：

```
DELIMITER //
DROP PROCEDURE IF EXISTS pro_cleanfkTitle;
CREATE PROCEDURE pro_cleanfkTitle(OUT num INT)
BEGIN
    DECLARE n INT DEFAULT 0;
    SET num=0;
    SELECT COUNT(*) INTO n FROM user WHERE fkTitle="实习研究员" AND YEAR(CURRENT_DATE())-
YEAR(birthday)<=20;
    SET num= num+n;
SELECT COUNT(*) INTO n FROM user WHERE fkTitle="助理研究员" AND YEAR(CURRENT_DATE())-
YEAR(birthday)<=23;
    SET num= num+n;
SELECT COUNT(*) INTO n FROM user WHERE fkTitle="副研究员" AND
YEAR(CURRENT_DATE())-YEAR(birthday)<=26;
    SET num= num+n;
SELECT COUNT(*) INTO n FROM user WHERE fkTitle="研究员" AND YEAR(CURRENT_DATE())-
YEAR(birthday)<=30;
    SET num= num+n;
END//
CALL pro_cleanfkTitle(@num);
SELECT @num//
DELIMITER ;
```

任务 3　应用触发器

【任务分析】

存储过程的功能非常强大。利用存储过程能实现很多功能，但存储过程需要手动调用，不能自动执行。MySQL 提供了触发器对象。触发器是一种特殊的存储过程，主要用于强制引用完整性，以便在多个表中添加、更新或删除行时，保留在这些表之间所定义的关系。

小王对粤文创项目进行分析后得到的任务清单如下。

任务编号	任务内容
任务 11-7	通过 INSERT 触发器 tri_checkplandate，对粤文创项目的工作计划表 plan 进行自动检查，要求计划发布时间、计划审核时间不能晚于当前操作时间
任务 11-8	通过 INSERT 触发器 tri_checkparticipant，对粤文创项目的工作计划参与人员表 participant 进行自动检查，在任何计划中每个人只能分配一项，即在一个计划中工号是唯一的
任务 11-9	通过 INSERT 触发器 tri_checkplanall，对粤文创项目的工作计划表 plan 进行自动检查，要求计划开始时间早于计划结束时间，计划制订者和计划审核者不能是同一个人，计划发布时间要晚于计划审核时间
拓展任务 11-7	将触发器 tri_checkplanall 完善为 tri_checkplanallextend，并指出具体错误

 【知识储备】

1. 触发器简介

触发器由一组 SQL 语句组成，由事件触发，能自动执行，无须用户调用。触发器与表的关系非常紧密，可以作为表的一部分创建，常用于保护表中的数据或实现数据的完整性。

触发器的作用主要包括以下几点。

（1）触发器可在数据处理前，用来强制检验或转换数据。

（2）当触发器发生错误时，异动的结果会被撤销。

（3）可依照特定的情况替换异动的指令。

2. 创建触发器

使用 CREATE TRIGGER 可以创建触发器，语法格式如下：

```
CREATE TRIGGER 触发器名 触发时间  触发事件
ON 表名 FOR EACH ROW 触发器执行语句
```

需要说明以下几点。

- 触发时间表示触发的时机，有两个选项：一是 AFTER，表示在触发触发器的执行语句之后执行；二是 BEFORE，表示在触发触发器的执行语句之前验证新数据是否满足使用规则。
- 触发事件用来指明在表中执行哪类操作时激活触发器，有 3 个选项：一是 INSERT 事件，表示向表中插入新行时激活触发器；二是 DELETE 事件，表示从表中删除一条记录时激活触发器；三是 UPDATE 事件，表示当更新表中数据时激活触发器。
- FOR EACH ROW 表示触发器执行的间隔，对于受触发器事件影响的每行都要激活触发器的执行语句。
- 触发器执行语句是触发器的主体，即当触发器激活时，真正要执行哪些操作。
- 触发器不能将任何结果返回到客户端，不要在触发器定义中包含 SELECT 语句和将数据返回客户端的存储过程。

- 在触发器执行语句中，OLD 关联被删除或被更新前的记录，NEW 关联被插入或被更新后的记录，在 INSERT 事件中可以使用 NEW，在 DELETE 事件中可以使用 OLD，在 UPDATE 事件中可以使用 NEW、OLD。
- 触发器在发生相关事件后自动触发执行。所以要执行触发器，需要让相关数据表产生指定的事件。
- 触发器名一般由字母、数字和下画线组成，建议前面加前缀 tri_。

示例 11-21　创建触发器 tri_CheckAge，工作人员表 user 中只能增加 18 岁以上的用户。

程序代码如下：

```
DELIMITER //
CREATE TRIGGER tri_CheckAge2
BEFORE INSERT
ON user
FOR EACH ROW
BEGIN
    IF YEAR(CURDATE())-YEAR(NEW.birthday)<18 THEN
        SIGNAL SQLSTATE '45000' SET message_text="用户年龄小于18岁，无法插入。";
    END IF;
END //
INSERT INTO user(username, fkTitle, gender, nation,birthday, nativePlace, phone)
VALUES("张建国", "助理研究员", "男", "汉族", "1980-1-29", "湖南长沙", "132123XX321")//
INSERT INTO user(username, fkTitle, gender, nation,birthday, nativePlace, phone)
VALUES("李大为", "实习研究员", "男", "汉族", "2020-11-19", "广东惠州", "136363XX383")//
DELIMITER ;
```

控制数据增加需要使用 INSERT 触发器，在插入前应检查数据有效性，需要选择 BEFORE。在触发器中，要检查 NEW 的 birthday 值，判断用户是否已满 18 岁，若未满 18 岁，则设置错误阻止数据插入。当触发触发器时，第 1 条插入语句的年龄满足要求，插入成功，第 2 条插入语句的年龄不满足要求，插入失败，并提示用户失败的原因。示例 11-21 的运行结果如图 11-22 所示。

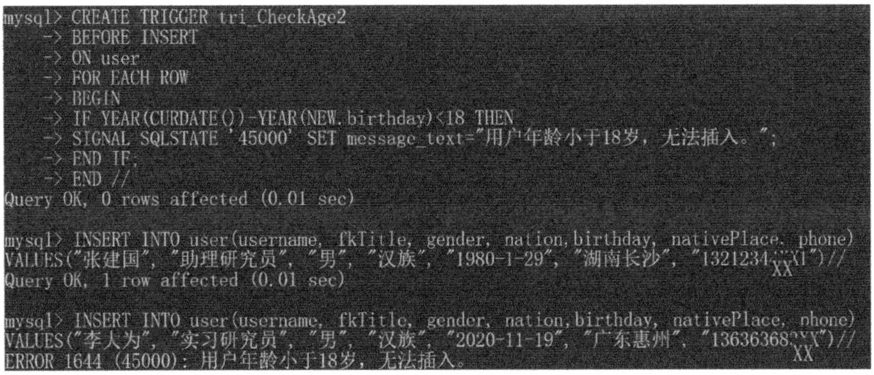

图 11-22　示例 11-21 的运行结果

3. 管理触发器

1）查看触发器

查看所有触发器的语法格式如下：

```
SHOW TRIGGERS;
```

查看指定触发器的语法格式如下：

```
SELECT * FROM Information_Schema.Trigger WHERE Trigger_Name=触发器名称;
```

2）删除触发器

删除触发器的语法格式如下：

```
DROP TRIGGER 数据库名.触发器名;
```

说明：如果省略数据库名，就表示在当前数据库中删除指定的触发器。

示例 11-22　删除触发器 tri_CheckAge。

程序代码如下：

```
DROP TRIGGER IF EXISTS tri_CheckAge;
```

4. 使用 Navicat 管理触发器

1）查看触发器

选中指定表并右击，选择"设计表"命令，进入表的设计模式，切换至"触发器"选项卡就可以看到当前表的触发器，如图 11-23 所示，工作区上方显示的是触发器列表，下方显示的是选中触发器的内容。

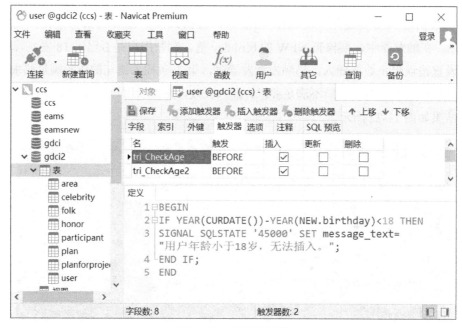

图 11-23　查看触发器

2）添加触发器

单击触发器列表上方的"添加触发器"图标，在触发器列表中新增一行，输入触发器名称，选择触发时间，根据需要勾选后面的"插入"复选框、"更新"复选框和"删除"复选框，但只能勾选 1 个，在"定义"选项卡中输入触发器执行代码，如图 11-24 所示，然后单击"保存"图标。

图 11-24　输入触发器执行代码

3）删除触发器

先在触发器列表中选择指定的触发器，再单击触发器列表上方的"删除触发器"图标即可删除选中的触发器。

【任务实施】

任务 11-7　通过 INSERT 触发器 tri_checkplandate，对粤文创项目的工作计划表 plan 进行自动检查，要求计划发布时间、计划审核时间不能晚于当前操作时间。

程序代码如下：

```
DELIMITER //
DROP TRIGGER IF EXISTS tri_checkplandate//
CREATE TRIGGER tri_checkplandate
BEFORE INSERT
ON plan
FOR EACH ROW
BEGIN
    IF NEW.releaseTime >CURRENT_DATE() OR NEW. auditTime >CURRENT_DATE() THEN
        SIGNAL SQLSTATE '45000' SET message_text="要求计划发布时间、计划审核时间不能晚
```

于操作当前时间。";
```
    END IF;
END //
DELIMITER ;
INSERT INTO plan(planName, planMaker, releaseTime, planReviewer ,auditTime, startTime,
endTime,planContent) VALUES("2023春广州行", 6, "2023-2-5", 11, "2023-2-1", "2023-4-1",
"2023-4-3", "白云山、黄埔军校、陈家祠、电视塔");
INSERT INTO plan(planName, planMaker, releaseTime, planReviewer ,auditTime, startTime,
endTime,planContent) VALUES("2023春阳江行", 12, "2099-2-13", 11, "2099-2-12", "2023-2-
14", "2023-2-15", "大澳渔村、海陵岛、凌霄岩、沙扒湾");
DELETE FROM plan WHERE planName="2023春广州行";
```

插入的第 1 条记录符合要求，操作成功；第 2 条记录的发布时间和审核时间不正确，所以提示错误，插入失败。为了方便下一次调试，将成功插入的调试记录删除。

通过 INSERT 触发器，在插入数据时检查，但修改数据时也可能输入错误值。因此，最好再创建一个 UPDATE 触发器。后面的任务同样面临这个问题，此处不再介绍 UPDATE 触发器。

程序代码如下：

```
DELIMITER //
DROP TRIGGER IF EXISTS tri_checkplandateupdate//
CREATE TRIGGER tri_checkplandateupdate
BEFORE INSERT
ON plan
FOR EACH ROW
BEGIN
    IF NEW.releaseTime >CURRENT_DATE() OR NEW. auditTime >CURRENT_DATE() THEN
        SIGNAL SQLSTATE '45000' SET message_text="要求计划发布时间、计划审核时间不能晚
于操作当前时间。";
    END IF;
END //
DELIMITER ;
```

任务 11-8 通过 INSERT 触发器 tri_checkparticipant，对粤文创项目的工作计划参与人员表 participant 进行自动检查，在任何计划中每个人只能分配一项，即在任何一个计划中工号是唯一的。

程序代码如下：

```
DELIMITER //
DROP TRIGGER IF EXISTS tri_checkparticipant//
CREATE TRIGGER tri_checkparticipant
BEFORE INSERT
ON participant
FOR EACH ROW
```

```
BEGIN
SELECT COUNT(*) INTO @n FROM participant WHERE userId=NEW. userId;
    IF @n>0 THEN
        SIGNAL SQLSTATE '45000' SET message_text="该员工已在该计划中分配过任务。";
    END IF;
END //
DELIMITER ;
INSERT INTO participant(planId,userId,duty,requirement,remarks) VALUES(1, 12, "解
说员", "持证上岗", "无");
INSERT INTO participant(planId,userId,duty,requirement,remarks) VALUES(1, 12, "领
队", "组织能力强", "无");
```

　　任务 11-9　通过 INSERT 触发器 tri_checkplanall，对粤文创项目的工作计划表 plan 进行自动检查，要求计划开始时间早于计划结束时间，计划制订者和计划审核者不能是同一个人，计划发布时间要晚于计划审核时间。

　　程序代码如下：

```
DELIMITER //
DROP TRIGGER IF EXISTS tri_checkplanall//
CREATE TRIGGER tri_checkplanall
BEFORE INSERT
ON plan
FOR EACH ROW
BEGIN
    IF NEW.startTime>=NEW.endTime OR NEW.planMaker =NEW.planReviewer OR NEW.releaseTime
<= NEW.auditTime THEN
        SIGNAL SQLSTATE '45000' SET message_text="要求计划开始时间早于计划结束时间，计
划制订者和计划审核者不能是同一个人，计划发布时间要晚于计划审核时间。";
    END IF;
END //
DELIMITER ;
INSERT INTO plan(planName, planMaker, releaseTime, planReviewer ,auditTime, startTime,
endTime,planContent) VALUES("2023春广州行", 6, "2023-2-5", 11, "2023-2-1", "2023-4-1",
"2023-4-3", "白云山、黄埔军校、陈家祠、电视塔");
INSERT INTO plan(planName, planMaker, releaseTime, planReviewer ,auditTime, startTime,
endTime,planContent) VALUES("2023春阳江行", 12, "2023-2-13", 11, "2023-2-12", "2023-2-14",
"2023-2-13", "大澳渔村、海陵岛、凌霄岩、沙扒湾");
INSERT INTO plan(planName, planMaker, releaseTime, planReviewer ,auditTime, startTime,
endTime,planContent) VALUES("2023春阳江行", 12, "2023-2-13", 12, "2023-2-12", "2023-2-14",
"2023-2-15", "大澳渔村、海陵岛、凌霄岩、沙扒湾");
INSERT INTO plan(planName, planMaker, releaseTime, planReviewer ,auditTime, startTime,
endTime,planContent) VALUES("2023春阳江行", 12, "2023-2-11", 11, "2023-2-12", "2023-2-14",
"2023-2-15", "大澳渔村、海陵岛、凌霄岩、沙扒湾");
```

```
DELETE FROM plan WHERE planName="2023春广州行";
```

第 1 条记录插入成功，后面 3 条记录插入失败，失败原因完全不同，但错误提示完全一样，没有向用户说明具体原因。

拓展任务 11-7　将触发器 tri_checkplanall 完善为 tri_checkplanallextend，并指出具体错误。

程序代码如下：

```
DELIMITER //
DROP TRIGGER IF EXISTS tri_checkplanallextend//
CREATE TRIGGER tri_checkplanallextend
BEFORE INSERT
ON plan
FOR EACH ROW
BEGIN
    DECLARE str VARCHAR(100) DEFAULT "";
    IF (NEW.startTime>=NEW.endTime) THEN
            SET str= CONCAT(str,"计划开始时间等于或晚于计划结束时间");
        END IF;
IF (NEW.planMaker =NEW.planReviewer) THEN
            SET str= CONCAT(str," 计划制订者和计划审核者是同一个人");
        END IF;
    IF (NEW.releaseTime <= NEW.auditTime) THEN
            SET str= CONCAT(str," 计划发布时间早于或等于计划审核时间");
        END IF;
    IF CHAR_LENGTH(str)>0 THEN
        SIGNAL SQLSTATE '45000' SET message_text=str;
    END IF;
END //
DELIMITER ;
INSERT INTO plan(planName, planMaker, releaseTime, planReviewer ,auditTime, startTime,
endTime,planContent) VALUES("2023春广州行", 6, "2023-2-5", 11, "2023-2-1", "2023-4-1",
"2023-4-3", "白云山、黄埔军校、陈家祠、电视塔");
INSERT INTO plan(planName, planMaker, releaseTime, planReviewer ,auditTime, startTime,
endTime,planContent) VALUES("2023春阳江行", 12, "2023-2-13", 11, "2023-2-12", "2023-2-
14", "2023-2-13", "大澳渔村、海陵岛、凌霄岩、沙扒湾");
INSERT INTO plan(planName, planMaker, releaseTime, planReviewer ,auditTime, startTime,
endTime,planContent) VALUES("2023春阳江行", 12, "2023-2-13", 12, "2023-2-12", "2023-2-
14", "2023-2-15", "大澳渔村、海陵岛、凌霄岩、沙扒湾");
INSERT INTO plan(planName, planMaker, releaseTime, planReviewer ,auditTime, startTime,
endTime,planContent) VALUES("2023春阳江行", 12, "2023-2-11", 11, "2023-2-12", "2023-2-
14", "2023-2-15", "大澳渔村、海陵岛、凌霄岩、沙扒湾");
DELETE FROM plan WHERE planName="2023春广州行";
```

任务 4　应用事务

【任务分析】

当张三爸爸给张三转当月生活费时，张三爸爸的账户已成功扣款 2000 元，正准备给张三的账户增加 2000 元时突然停电，应该怎么办呢？

不用着急，数据库具有良好的事务处理机制。事务可以把一些相关操作作为一个整体进行处理，要不全部成功完成，要不完全不做，若某一步出错则撤销所有操作，回到原点。

小王对粤文创项目进行分析后得到的任务清单如下。

任务编号	任务内容
任务 11-10	利用事务为粤文创项目的工作计划表 plan 插入两条记录，其中一条记录中的数据正确，另一条记录中的数据不正确
拓展任务 11-8	利用事务为粤文创项目的工作人员表 user 和工作计划表 plan 插入记录

【知识储备】

1. 事务简介

事务是恢复和并发控制的基本单位。一个事务可以是一条 SQL 语句，也可以是一组 SQL 语句或整个程序。

事务的属性包括以下几点。

（1）原子性：事务是一个不可分割的单位，其中包括的操作要么都做，要么都不做。

（2）一致性：事务必须是使数据库从一个一致性状态变为另一个一致性状态。

（3）隔离性：一个事务内部的操作及使用的数据对并发的其他事务是隔离的，并发执行的各个事务之间不能互相干扰。

（4）持久性：一个事务一旦提交，对数据库中数据的改变就应该是永久性的。

2. 事务操作

1）开始事务

开始事务的语法格式如下：

```
START TRANSACTION;
```

2）提交事务

提交事务的语法格式如下：

```
COMMIT;
```

3）回滚事务

回滚事务的语法格式如下：

```
ROLLBACK;
```

示例 11-23　通过事务为工作人员表 user 插入两条记录，其中一条数据正确，另一条数据不正确。

方法一：不利用事务插入记录。

程序代码如下：

```
INSERT INTO user(username, fkTitle, gender, nation,birthday, nativePlace, phone)
VALUES("张建国", "助理研究员", "男", "汉族", "1980-1-29", "湖南长沙", "132123XX321");
INSERT INTO user(username, fkTitle, gender, nation,birthday, nativePlace, phone)
VALUES("李大为", "实习研究员", "no", "汉族", "2020-11-19", "广东惠州", "136363XX383");
SELECT * FROM user;
delete from user where username="张建国";
```

第 1 条记录插入成功，第 2 条记录插入失败，为了方便后续操作，应将成功插入的记录删除。不利用事务插入记录的运行结果如图 11-25 所示。

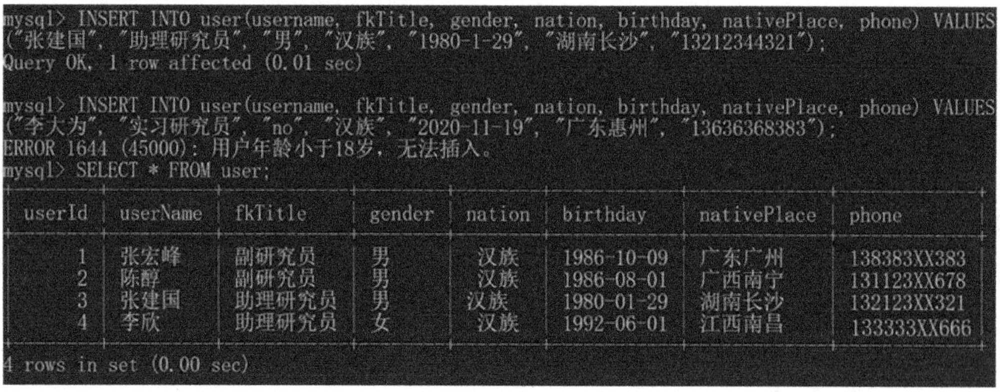

图 11-25　不利用事务插入记录的运行结果

方法二：利用事务插入记录。

程序代码如下：

```
DELIMITER //
CREATE PROCEDURE pro_InsertData()
BEGIN
    DECLARE result_code INTEGER DEFAULT 0;
    DECLARE CONTINUE HANDLER FOR SQLEXCEPTION SET result_code=1;
    START TRANSACTION;
    INSERT INTO user(username, fkTitle, gender, nation,birthday, nativePlace, phone)
VALUES("张建国", "助理研究员", "男", "汉族", "1980-1-29", "湖南长沙", "132123XX321");
    INSERT INTO user(username, fkTitle, gender, nation,birthday, nativePlace, phone)
```

```
VALUES("李大为", "实习研究员", "no", "汉族", "2020-11-19", "广东惠州", "136363XX383");
    IF result_code = 1 THEN
        ROLLBACK;
    ELSE
        COMMIT;
    END IF;
    SELECT * FROM user;
END//
DELIMITER ;
CALL pro_InsertData();
DROP PROCEDURE pro_InsertData;
```

在存储过程 pro_InsertData 中，设置的变量 result_code 用于记录操作命令的运行结果（变量 result_code 的初值为 0，若操作出错则变为 1）。在插入两条命令后，检查变量 result_code 的状态，若为 1，则说明出错，需要回滚所有操作，否则正常提交，操作成功。因为第 2 条插入命令中的性别不满足要求，所以 2 个插入操作都失败，通过查询工作人员表 user 发现，两条记录都没有插入其中。利用事务插入记录的运行结果如图 11-26 所示。

mysql> CALL pro_InsertData();

userId	userName	fkTitle	gender	nation	birthday	nativePlace	phone
1	张宏峰	副研究员	男	汉族	1986-10-09	广东广州	138383XX383
2	陈醇	副研究员	男	汉族	1986-08-01	广西南宁	131123XX678
4	李欣	助理研究员	女	汉族	1992-06-01	江西南昌	133333XX666

3 rows in set (0.00 sec)

图 11-26　利用事务插入记录的运行结果

【任务实施】

任务 11-10　利用事务为粤文创项目的工作计划表 plan 插入两条记录，其中一条记录中的数据正确，另一条记录中的数据不正确。

分析：在运行前，需要确保 tri_checkplanall 或 tri_checkplanallextend 存在。

程序代码如下：

```
DELIMITER //
SELECT * FROM plan//
CREATE PROCEDURE pro_InsertplanData()
BEGIN
    DECLARE result_code INTEGER DEFAULT 0;
    DECLARE CONTINUE HANDLER FOR SQLEXCEPTION SET result_code=1;
    START TRANSACTION;
    INSERT INTO plan(planName, planMaker, releaseTime, planReviewer,auditTime,
```

```
startTime, endTime,planContent) VALUES("2023春广州行", 6, "2023-
2-1", "2023-4-1", "2023-4-3", "白云山、黄埔军校、陈家祠、电视塔");
    INSERT INTO plan(planName, planMaker, releaseTime, planReviewer,auditTime,
startTime, endTime,planContent) VALUES("2023春阳江行", -1, "2023-2-13", 11, "2023-
2-12", "2023-2-14", "2023-2-13", "大澳渔村、海陵岛、凌霄岩、沙扒湾");
    IF result_code = 1 THEN
        ROLLBACK;
    ELSE
        COMMIT;
    END IF;
END//
DELIMITER ;
CALL pro_InsertplanData ();
SELECT * FROM plan;
DROP PROCEDURE pro_InsertplanData;
```

拓展任务 11-8　利用事务为粤文创项目的工作人员表 user 和工作计划表 plan 插入记录。

粤文创项目的工作人员在输入工作计划时，发现审核者是新来的领导，所以需要先将领导的信息添加到工作人员表 user 中。

程序代码如下：

```
DELIMITER //
SELECT * FROM plan//
CREATE PROCEDURE pro_Insertplanextend()
BEGIN
    DECLARE result_code INTEGER DEFAULT 0;
    DECLARE CONTINUE HANDLER FOR SQLEXCEPTION SET result_code=1;
    START TRANSACTION;
    INSERT INTO user(username, fkTitle, gender, nation,birthday, nativePlace, phone)
VALUES("李大为", "实习研究员", "男", "汉族", "2020-11-19", "广东惠州", "136363XX383");
    INSERT INTO plan(planName, planMaker, releaseTime, planReviewer,auditTime,
startTime, endTime,planContent) VALUES("2023春广州行", 6, "2023-2-5", 11, "2023-
2-1", "2023-4-1", "2023-4-3", "白云山、黄埔军校、陈家祠、电视塔");
    IF result_code = 1 THEN
        ROLLBACK;
    ELSE
        COMMIT;
    END IF;
END//
DELIMITER ;
CALL pro_Insertplanextend();
SELECT * FROM plan;
DROP PROCEDURE pro_Insertplanextend;
```

两条插入语句都没有错误，操作成功。工作计划表 plan 中多了一条记录。可以在两条插入语句中设置错误，若将第 1 条插入语句的性别改为 "no"，则操作失败。

巩固与小结

（1）函数、存储过程和触发器的区别如下所示。

操作	函数	存储过程	触发器
定义	CREATE FUNCTION 函数名([形参]) RETURNS 返回值类型 DETERMINISTIC 或 NO SQL 或 READS SQL DATA 函数体;	CREATE PROCEDURE 存储过程名([形参列表]) 存储过程体	CREATE TRIGGER 触发器名 触发时间 触发事件 ON 表名 FOR EACH ROW 触发器执行语句
参数	形参都为输入参数	输入参数 IN、输出参数 OUT、输入/输出参数 INOUT	没有
返回值	有	没有，通过输出参数实现	没有
调用	直接应用在表达式中	CALL 存储过程名([实参列表])	事件触发，自动执行
删除	DROP FUNCTION 函数名	DROP PROCEDURE 过程名	DROP TRIGGER 触发器名
说明	要加 NO SQL 等，否则会出错	参数要注明类型，默认为输入参数	触发时间：AFTER 和 BEFORE 触发事件：INSERT、DELETE 和 UPDATE 临时变量：NEW 和 OLD

（2）常量一般包括字符串常量（如"abc"）、数值常量（如 1）、日期和时间常量（如 2023-2-14）、布尔值 TRUE 或 FALSE，以及空值 NULL 等。

（3）变量的操作方法如下所示。

操作	操作方法
定义	DECLARE 变量名 数据类型 [DEFAULT 默认值];
赋值	SET 变量名=值;
显示	SELECT 变量名;
说明	若没有定义，则直接使用变量，在变量名前面加 "@"

（4）选择结构程序设计的语法格式如下所示。

语句	语法格式

简单的 IF 语句	IF 条件表达式　THEN
	　　条件成立时执行的语句
	ELSE
	　　条件不成立时执行的语句
	END IF;

语句	语法格式

嵌套的 IF 语句	IF 条件表达式 1　THEN
	　　条件表达式 1 成立时执行的语句
	ELSEIF 条件表达式 2　THEN
	　　条件表达式 1 不成立且条件表达式 2 成立时执行的语句
	ELSE
	　　条件表达式 2 不成立时执行的语句
	…
	END IF;

CASE 语句	CASE 　　WHEN 条件表达式结果 1 THEN 语句 1 　　WHEN 条件表达式结果 2 THEN 语句 2 　　… 　　WHEN 条件表达式结果 n THEN 语句 n 　　ELSE　其他语句 END CASE;

需要说明的是，选择结构主要解决如下问题：科学合理地设置条件，条件满足时做什么，条件不满足时做什么。在条件嵌套中，ELSEIF 在不满足上一个条件的基础上设置下一个条件。

（5）循环结构程序设计的语法格式如下所示。

语句	语法格式

WHILE 语句	循环控制变量赋初值；
	WHILE 条件表达式 DO
	　　循环体语句
	END WHILE;

REPEAT 语句	循环控制变量赋初值； REPEAT 　　循环体语句 UNTIL 条件表达式 END REPEAT;
LOOP 语句	循环控制变量赋初值； 开始标号: LOOP 　　循环体语句 END LOOP;

需要说明的是，循环结构主要解决如下问题：设置循环控制变量及其初值、终值、步长；找出需要反复的操作作为循环体；初始化操作一般位于循环前面；必须在循环体中处理步长，否则会出现死循环。

（6）游标操作的语法格式如下所示。

操作	语法格式
声明游标	DECLARE 游标名 CURSOR FOR 查询语句;
打开游标	OPEN 游标名;
读取游标	FETCH 游标名 INTO 变量列表
关闭游标	CLOSE 游标名;

（7）事务操作的语法格式如下所示。

操作	语法格式
开始事务	START TRANSACTION;
提交事务	COMMIT;
回滚事务	ROLLBACK;

事务的属性包括原子性、一致性、隔离性和持久性。

任务训练

【训练目的】

（1）应用和巩固编写代码的思维与规范。

（2）应用和巩固函数的定义、调用与管理。

（3）应用和巩固存储过程的创建、调用与管理。

（4）应用和巩固触发器的创建、触发与管理。

（5）理解事务的内涵，掌握事务操作的语法格式。

【任务清单】

（1）举办一次促销活动，根据顾客的消费金额打折，打折规则如下：若消费金额小于1000 元，则不打折；若消费金额大于或等于 1000 元且小于 2000 元，则打 9 折；若消费金额大于或等于 2000 元且小于 5000 元，则打 8 折；若消费金额大于或等于 5000 元，则打 7折。通过函数 fun_Discount 实现以上功能，并使用消费金额 3000 元作为测试数据查看函数结果。

（2）应用粤文创项目的加密函数 fun_encryption 为点餐系统的密码加密，并设计一个解密算法读出密码明文。通过函数 fun_decrypt 实现以上功能，同时使用"aBc520"作为测试数据查看函数结果。

（3）在点餐系统的菜品表 gkeodm_food 中，创建存储过程 pro_queryfood，输入菜名，查询该菜品的 label、description 和 price，并使用"白切鸡"作为测试数据查看函数结果。

（4）对点餐系统的菜品表 gkeodm_food 中的数据进行清洗，删除 createDate 大于系统当前时间且 price 小于 0 的记录，返回删除的记录数。通过存储过程 pro_cleanfood 实现以上功能，并执行该存储过程。

（5）在点餐系统中设置触发器 tri_autoprice，当用户在订单详情表 gkeodm_orderDetail 中成功添加一条记录时，系统自动更新订单表 gkeodm_order 中对应订单的 price 值。请设计数据测试该触发器。

（6）点餐系统的工作人员在输入工作计划时，发现审核者是新来的领导，所以需要先将领导的信息添加到用户表 gkeodm_user 中。通过事务来确保成功输入工作计划。

【任务反思】

（1）记录在任务实施过程中遇到的问题，并思考应如何解决这些问题。

（2）是否解决了一些历史问题，是如何解决的？

（3）记录在任务实施过程中的成功经验。

（4）思考任务解决方案还存在哪些漏洞，应如何完善解决方案？

习题

一、选择题

1. 在 MySQL 中，定义函数要使用（   ）关键字。

   A．CREATE   B．DELETE   C．DROP   D．INSERT INTO

2. 在 MySQL 中，函数可以有（   ）个返回值。

   A．0   B．1   C．2   D．3

3. 结构化程序设计包括（   ）。

   A．顺序结构   B．选择结构   C．循环结构   D．以上都是

4. （   ）不属于常量。

   A．NULL   B．TRUE   C．FALSE   D．abc

5. （   ）不属于 IF 语句的关键字。

   A．IF   B．THEN   C．CASE   D．END IF

6. （   ）不属于 WHILE 语句的关键字。

   A．WHILE   B．DO   C．CASE   D．END WHILE

7. 触发器的触发器事件不包括（   ）。

   A．INSERT   B．DELETE   C．UPDATE   D．DROP

8. 为变量赋值需要使用（   ）关键字。

   A．SET   B．@@   C．@   D．CREATE

9. 存储过程能通过（   ）输出结果。

   A．输入参数   B．输出参数   C．输入/输出参数   D．B 和 C

10．提交事务使用（　　　）关键字。

　　A．START　　　　　　B．COMMIT　　　　　C．ROLLBACK　　　D．以上都是

二、填空题

1．触发器的触发时间包括 2 个选项，分别是_____和_____。

2．存储过程的参数分为 3 类，分别是_____、_____和_____。

3．事务的 4 个主要属性是_____、_____、_____和_____。

4．游标的一般操作流程是_____、_____、_____和_____。

5．常量一般包括_____、_____、_____、_____和_____等。

三、简答题

1．简述函数与存储过程的异同。

2．简述选择结构和循环结构程序设计主要用来解决哪些问题。

项目 12

管理数据库

【知识目标】

（1）理解用户、权限、角色和 SQL 注入的内涵。

（2）了解 MySQL 的系统表。

（3）理解 MySQL 的常见权限。

【技能目标】

（1）会用命令行方式创建和管理用户、权限与角色。

（2）会用 Navicat 创建和管理用户、权限与角色。

（3）精通登录 MySQL 客户端的各种技能。

【素养目标】

（1）具有强烈的责任心，深刻理解数据的重要性。

（2）具备强烈的安全观，确保数据的安全。

（3）严于律己，不做违纪、违法和违背道德的事。

【工作情境】

　　小王基本上完成了数据库的相关工作，接下来是对数据库进行安全管理。他计划通过用户管理、权限管理和角色管理来加强数据库的安全管理，同时避免 SQL 注入漏洞的发生。

【思维导图】

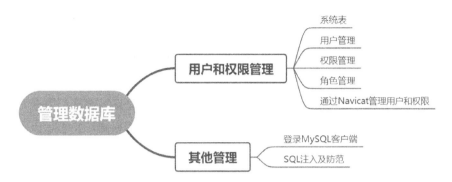

任务 1　用户和权限管理

【任务分析】

在应用程序中，数据非常关键，但数据本身不会保护自己，需要数据库管理人员、软件开发人员和单位管理人员等加强数据管理。数据库管理人员可以通过用户管理、权限管理和角色管理来加强数据管理。

小王对粤文创项目进行分析后得到的任务清单如下。

任务编号	任务内容
任务 12-1	创建一个具有很多权限的自定义用户
任务 12-2	创建 3 个普通用户，分别为 user2、user3 和 user4
拓展任务 12-1	通过角色为普通用户授予权限

【知识储备】

1. 系统表

1）user 表

user 表位于系统数据库 MySQL 中，是 MySQL 中最重要的一个权限表，用来记录允许连接服务器的账号信息。user 表中的所有权限都是全局级的，适用于所有数据库。user 表中的字段大致可以分为 4 类，分别为用户类字段、权限类字段、安全类字段和资源控制类字段，下面介绍用户类字段和权限类字段。

（1）用户类字段。

用户类字段主要用于用户登录，如表 12-1 所示。

表 12-1　用户类字段

字段名	字段类型	说明
Host	CHAR(60)	主机名
User	CHAR(32)	用户名
authentication_string	TEXT	密码

（2）权限类字段。

权限类字段决定了用户的权限，用来描述在全局范围内允许对数据和数据库执行的操作。权限类字段可取的值只有 Y 和 N，Y 表示该用户有对应的权限，N 表示该用户没有对应的权限，权限类字段的默认值都为 N，如表 12-2 所示。

表 12-2　权限类字段

字段名	字段类型	说明
Select_priv	ENUM('N','Y')	SELECT 语句用于查询数据的权限
Insert_priv	ENUM('N','Y')	INSERT 语句用于插入数据的权限
Update_priv	ENUM('N','Y')	UPDATE 语句用于修改现有数据的权限
Delete_priv	ENUM('N','Y')	DELETE 语句用于删除现有数据的权限
Create_priv	ENUM('N','Y')	创建新的数据库和表的权限
Drop_priv	ENUM('N','Y')	删除现有数据库和表的权限
Reload_priv	ENUM('N','Y')	执行刷新和重新加载 MySQL 所用的各种内部缓存的特定命令的权限
Shutdown_priv	ENUM('N','Y')	关闭 MySQL 服务器的权限
Process_priv	ENUM('N','Y')	SHOW PROCESSLIST 语句用来查看其他用户进程的权限
File_priv	ENUM('N','Y')	执行 SELECT INTO OUTFILE 语句和 LOAD DATA INFILE 语句的权限
Grant_priv	ENUM('N','Y')	将自己的权限再授予其他用户的权限
References_priv	ENUM('N','Y')	创建外键约束的权限
Index_priv	ENUM('N','Y')	对索引进行增、删、查的权限
Alter_priv	ENUM('N','Y')	重命名和修改表结构的权限
Show_db_priv	ENUM('N','Y')	查看服务器上所有数据库名称的权限
Super_priv	ENUM('N','Y')	执行某些强大的管理功能的权限
Create_tmp_table_priv	ENUM('N','Y')	创建临时表的权限
Lock_tables_priv	ENUM('N','Y')	使用 LOCK TABLES 语句阻止对表的访问/修改的权限
Execute_priv	ENUM('N','Y')	执行存储过程的权限
Repl_slave_priv	ENUM('N','Y')	读取用于维护复制数据库环境的二进制日志文件的权限
Repl_client_priv	ENUM('N','Y')	用户是否可以确定复制从服务器和主服务器的位置权限
Create_view_priv	ENUM('N','Y')	创建视图的权限
Show_view_priv	ENUM('N','Y')	查看视图的权限
Create_routine_priv	ENUM('N','Y')	更改或放弃存储过程和函数的权限
Alter_routine_priv	ENUM('N','Y')	修改或删除存储函数及函数的权限
Create_user_priv	ENUM('N','Y')	执行 CREATE USER 语句的权限，该语句用于创建新的 MySQL 账户
Event_priv	ENUM('N','Y')	创建、修改和删除事件的权限

续表

字段名	字段类型	说明
Trigger_priv	ENUM('N','Y')	创建和删除触发器的权限
Create_tablespace_priv	ENUM('N','Y')	创建表空间的权限

2）其他权限表

（1）db 表。

db 表比较常用，是 MySQL 中非常重要的权限表。db 表中存储了用户对某个数据库的操作权限，包括用户类字段和权限类字段。db 表中的字段比较少。可以使用如下语句查看db 表的结构：

```
USE mysql;
DESC db;
```

（2）tables_priv 表。

tables_priv 表用来对单个表进行权限设置，包括用户类字段和权限类字段。

（3）columns_priv 表。

columns_priv 表用来对单个数据列进行权限设置，包括用户类字段和权限类字段。

user 表、db 表、tables_priv 表、columns_priv 表都包括用户类字段和权限类字段，但它们的操作对象不同，user 表中保存的是登录 MySQL 数据库用户及其拥有的权限，db 表针对数据库某个用户拥有的权限，tables_priv 表针对单个表进行权限设置，columns_priv 表针对单个数据列进行权限设置。

2. 用户管理

root 是 MySQL 默认的超级用户，由系统自动创建，拥有超级权限，能控制整个 MySQL服务器。为了安全，需要根据实际情况创建多个用户，方便多人共同协作完成任务。每个用户都对应 user 表中的一条记录，先用 root 用户名登录，再用 INSERT INTO、DELETE、UPDATE 等语句操作 user 表，实现用户管理。也可以通过 USER 对象来管理用户，下面介绍其操作方法。

1）添加用户

CREATE USER 语句的语法格式如下：

```
CREATE USER [IF NOT Exists] 用户名@主机名或主机IP地址 [IDENTIFIED BY[Random Password]
或[密码]]
```

需要说明以下几点。

- 可以同时创建多个用户，用户之间用半角逗号隔开，"@"前后都不能有空格。
- 主机名是用户连接 MySQL 所用的主机名，如果没有指定主机，那么默认为 "%"，表示一组主机，即对所有主机开放权限。主机 IP 地址也可以使用通配符 "%"，表示一组主机。用户名和主机名可以不加引号，也可以加半角单引号或半角双引号。

- 相同用户名不同主机名是两个不同的用户，允许为这两个用户分配不同的权限。
- 如果用户名中包括特殊符号，如“_”或“%”，就需要使用单引号引起来。
- IDENTIFIED BY 用来设置用户密码，IDENTIFIED BY Random Password 设置的是明文形式的随机码，经哈希处理后，保存在 mysql.user 表中。密码一定要用半角单引号或半角双引号引起来。

示例 12-1　创建 localhost 用户 u0 和 tu，通用用户 u1，密码为 111。

有 4 种方式实现，用户名和主机名都可以不加引号、加单引号、加双引号，使用其中任意一种都可完成操作。

程序代码如下：

```
CREATE USER IF NOT Exists "u0"@"localhost", "u1", "tu"@"localhost" IDENTIFIED BY "111";
CREATE USER IF NOT Exists 'u0'@'localhost', 'u1', 'tu'@'localhost' IDENTIFIED BY '111';
CREATE USER IF NOT Exists u0@'localhost',u1,tu@'localhost' IDENTIFIED BY '111';
CREATE USER IF NOT Exists u0@localhost,u1,tu@localhost IDENTIFIED BY '111';
```

示例 12-2　创建用户 u2，密码是随机的。

程序代码如下：

```
CREATE USER IF NOT EXISTS u2@'localhost' IDENTIFIED BY Random Password;
```

运行结果如图 12-1 所示。

```
mysql> CREATE USER IF NOT EXISTS u2@'localhost'  IDENTIFIED BY Random Password;
+------+-----------+----------------------+-------------+
| user | host      | generated password   | auth_factor |
+------+-----------+----------------------+-------------+
| u2   | localhost | ;7kvA.fSsAefQZv__9Up |           1 |
+------+-----------+----------------------+-------------+
1 row in set (0.01 sec)
```

图 12-1　示例 12-2 的运行结果

2）修改用户名

使用 RENAME USER 语句可以修改用户名，语法格式如下：

```
RENAME USER 旧名 TO 新名;
```

示例 12-3　将用户名 tu 改为 nu。

程序代码如下：

```
RENAME USER tu@'localhost' TO nu@'localhost';
```

3）删除用户

使用 DROP USER 语句可以删除用户名，语法格式如下：

```
DROP USER 用户名列表;
```

示例 12-4　删除用户 nu。

程序代码如下：

```
DROP USER nu@'localhost';
```

4）修改用户密码

（1）可以使用 Mysqladmin 命令修改用户密码，语法格式如下：

```
Mysqladmin  -u用户名  -p password "新密码"
```

说明： Mysqladmin 是 DOS 命令而不是 MySQL 命令，语句结束不用分号，直接在 DOS 环境下运行；用户名可以是 root，也可以是自定义的用户名；password 是关键字；新密码要用半角双引号引起来，不能使用半角单引号，新密码要不同于旧密码。在操作过程中，系统会提示输入旧密码，只有旧密码正确才能修改。修改密码后，要牢记新密码。

（2）可以使用 ALTER USER 语句修改密码，语法格式如下：

```
ALTER USER '用户名'@'主机名' IDENTIFIED WITH mysql_native_password BY '新密码';
```

示例 12-5　将 root 的密码修改为“abc”，u0 的密码修改为“666”。

程序代码如下：

```
Mysqladmin -uroot  -p password "abc"
ALTER USER 'u0'@'localhost'  IDENTIFIED WITH mysql_native_password BY '666';
```

退出 MySQL，执行 Mysqladmin 命令，操作成功后登录 MySQL 执行 ALTER USER 语句。示例 12-5 的运行结果如图 12-2 所示。

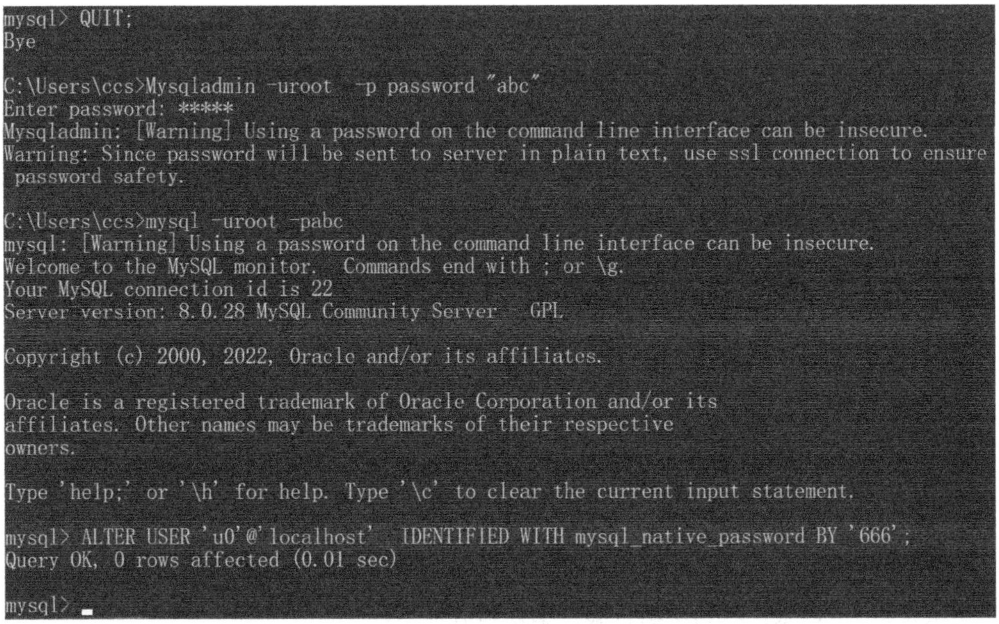

```
mysql> QUIT;
Bye

C:\Users\ccs>Mysqladmin -uroot  -p password "abc"
Enter password: *****
Mysqladmin: [Warning] Using a password on the command line interface can be insecure.
Warning: Since password will be sent to server in plain text, use ssl connection to ensure
 password safety.

C:\Users\ccs>mysql -uroot -pabc
mysql: [Warning] Using a password on the command line interface can be insecure.
Welcome to the MySQL monitor.  Commands end with ; or \g.
Your MySQL connection id is 22
Server version: 8.0.28 MySQL Community Server - GPL

Copyright (c) 2000, 2022, Oracle and/or its affiliates.

Oracle is a registered trademark of Oracle Corporation and/or its
affiliates. Other names may be trademarks of their respective
owners.

Type 'help;' or '\h' for help. Type '\c' to clear the current input statement.

mysql> ALTER USER 'u0'@'localhost'  IDENTIFIED WITH mysql_native_password BY '666';
Query OK, 0 rows affected (0.01 sec)

mysql>
```

图 12-2　示例 12-5 的运行结果

3. 权限管理

不经主人允许，我们不能进入主人家。主人邀请我们去他家喝茶，我们进入主人家以后一般也不会在主人家各个房间乱跑，因为这样有可能导致主人不开心，这就是权限。

数据库主要操作包括对象和数据的增、删、改、查。显然，数据的增、删、改操作都可能会改变数据，即这些操作极具危险性，而查询操作虽然不会改变数据，但可能会导致数据外泄，其实也有一定的风险。所以，数据库的权限管理就是做权利范围之内的事，不做权利范围之外的事。

1）授予权限

MySQL 增加的用户要授权后才能执行相关操作。可以使用 GRANT 完成授权，语法格式如下：

GRANT 权限[(字段列表)] ON 目标 TO 用户列表 [WITH 权限限制]；

需要说明以下几点。

- "权限"主要包括 INSERT、UPDATE、DELETE、SELECT、CREATE 和 DROP 等，后面的"字段列表"表示设置字段层级的权限，可以省略，表示不针对具体字段。ALL 表示所有权限。

- "目标"用于指定数据库和表，可以使用"*.*"表示所有数据库和所有表，设置用户级（全局级）权限；"数据库名.*"针对指定数据库中的所有表设置数据库层权限；"数据库名.表名"针对指定数据库中指定表的所有字段设置数据表级权限，此时可在"权限[(字段列表)]"中进一步设置针对某些字段的权限；"PROCEDURE 数据库名.存储过程名"针对指定数据库的存储过程设置过程级权限。

- "WITH 权限限制"可设置不同的值：GRANT OPTION，表示在 TO 子句中指定所有用户都有把自己所拥有的权限授予其他用户的权利，不管其他用户是否拥有该权限；max_queries_per_hour count，表示每小时可以查询数据库的次数；max_updates_per_hour count，表示每小时可以修改数据库的次数；max_connections_per_hour count，表示每小时可以连接数据库的次数；max_user_connections count，表示同时连接 MySQL 的最大用户数。

2）查看权限

可以使用 SHOW GRANTS 语句查看权限，语法格式如下：

SHOW GRANTS FOR 用户名@主机名；

3）撤销权限

可以使用 REVOKE 语句撤销权限，语法格式如下：

REVOKE 权限名[(字段列表)] ON 目标 FROM 用户名@主机名；

示例 12-6　先为 u0 设置 mysql.user 表的 INSERT 权限，以及其 User 字段的 UPDATE

权限，再显示设置的权限，最后撤销权限。

程序代码如下：

```
GRANT INSERT,UPDATE(User) ON mysql.user TO u0@localhost;
SHOW GRANTS FOR u0@localhost;
REVOKE INSERT,UPDATE(User) ON mysql.user FROM u0@localhost;
```

示例 12-6 的运行结果如图 12-3 所示。

图 12-3　示例 12-6 的运行结果

4．角色管理

MySQL 8 在用户管理中增加了角色管理，角色是指定权限的集合。

1）创建角色

可以使用 CREATE ROLE 语句创建角色，语法格式如下：

```
CREATE ROLE 角色名@主机名列表;
```

2）为角色分配权限

可以使用 GRANT 语句为角色分配权限，语法格式如下：

```
GRANT 权限列表 ON 目标 TO 角色名;
```

3）撤销角色或角色授权

可以使用 REVOKE 语句撤销角色或角色授权，语法格式如下：

```
REVOKE  角色名 FROM 用户名;
```

4）删除角色

可以使用 DROP ROLE 语句删除角色，语法格式如下：

```
DROP ROLE 角色名列表;
```

示例 12-7　创建角色 r1 和用户 ur1，将 mysql.user 的 INSERT、UPDATE 和 DELETE 权限分配给角色 r1，先为用户 ur1 分配角色 r1，再撤销用户 ur1 的 r1 角色分配，删除角色 r1 和用户 ur1。

237

程序代码如下：

```
CREATE ROLE r1@localhost;
CREATE USER ur1@localhost;
GRANT INSERT,UPDATE,DELETE ON mysql.user TO ur1@localhost;
SHOW GRANTS FOR ur1@localhost;
REVOKE r1@localhost FROM ur1@localhost;
DROP ROLE r1@localhost;
DROP USER ur1@localhost;
```

示例 12-7 的运行结果如图 12-4 所示。

```
mysql> CREATE ROLE r1@localhost;
Query OK, 0 rows affected (0.02 sec)

mysql> CREATE USER ur1@localhost;
Query OK, 0 rows affected (0.01 sec)

mysql> GRANT INSERT,UPDATE,DELETE ON mysql.user TO  r1@localhost;
Query OK, 0 rows affected (0.01 sec)

mysql> GRANT r1@localhost TO ur1@localhost;
Query OK, 0 rows affected (0.00 sec)

mysql> REVOKE r1@localhost FROM ur1@localhost;
Query OK, 0 rows affected (0.00 sec)

mysql> DROP ROLE r1@localhost;
Query OK, 0 rows affected (0.00 sec)

mysql> DROP USER ur1@localhost;
Query OK, 0 rows affected (0.01 sec)
```

图 12-4　示例 12-7 的运行结果

5. 通过 Navicat 管理用户和权限

1）查看用户列表

启动 Navicat，选择连接名，无须指定数据库，单击"用户"图标，显示用户列表，如图 12-5 所示。

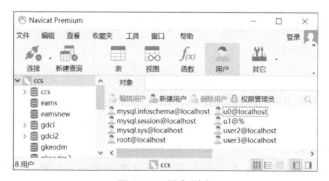

图 12-5　用户列表

2）新建用户

在新建用户时，不仅可以分配权限，还可以选择分组。新建用户的操作步骤如下。

（1）单击用户列表上方的"新建用户"图标，在"常规"选项卡中输入用户名和密码等信息，如图 12-6 所示。

图 12-6　"常规"选项卡

（2）切换至"权限"选择卡，单击权限列表上方的"删除权限"图标，可以删除指定权限，单击图 12-7 中的"添加权限"图标可以打开"添加权限"对话框，设置好的权限列表如图 12-8 所示，保存用户。

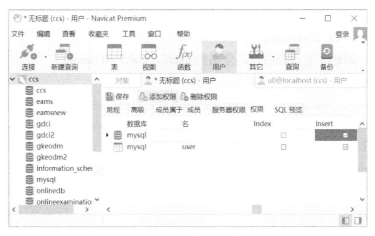

图 12-7　单击"添加权限"图标

3）其他操作

（1）选中用户，单击用户列表上方的"编辑用户"图标可以对用户和权限信息进行修改。

（2）选中用户，单击用户列表上方的"删除用户"图标可以删除指定用户。

（3）单击用户列表上方的"权限管理员"图标可以对权限进行管理。

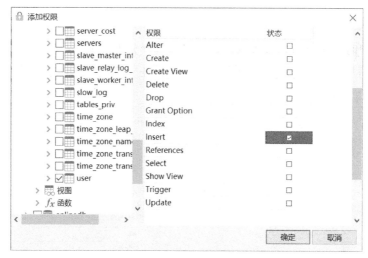

图 12-8　设置好的权限列表

【任务实施】

任务 12-1　创建一个具有很多权限的自定义用户。

root 用户的权限很多，但数据库管理员又很忙，有些工作无法及时处理，因此，小王想创建一个由自己控制且权限很多的用户 uroot 来管理粤文创数据库。

程序代码如下：

```
CREATE USER uroot@localhost IDENTIFIED BY "123";
GRANT ALL ON gdci.* TO uroot@localhost;
SHOW GRANTS FOR u0@localhost;
```

任务 12-2　创建 3 个普通用户，分别为 user2、user3 和 user4。

程序代码如下：

```
CREATE USER user2@localhost, user3@localhost, user4@localhost IDENTIFIED BY "666";
SELECT user FROM mysql.user;
```

拓展任务 12-1　通过角色为普通用户授予权限。

创建角色 ru1，先为角色授权粤文创项目的 user 的插入权限，再分配给普通用户 user2、user3 和 user4。

程序代码如下：

```
CREATE ROLE ru1@localhost;
GRANT INSERT ON gdci.user TO ru1@localhost;
GRANT ru1@localhost TO user2@localhost, user3@localhost, user4@localhost;
SHOW GRANTS FOR user2@localhost;
SHOW GRANTS FOR user3@localhost;
SHOW GRANTS FOR user4@localhost;
```

任务 2　其他管理

【任务分析】

小王觉得登录客户端后，不能在窗口显示登录密码，这样非常不安全，所以想隐藏登录密码。

小王对粤文创项目进行分析后得到的任务清单如下。

任务编号	任务内容
任务 12-3	隐藏登录密码

【知识储备】

1. 登录 MySQL 客户端

完整的登录命令如下：

mysql [-h主机名或主机IP地址] [-P 端口号] -u用户名 -p[密码] [数据库名 [-e SQL语句]]

需要说明以下几点。

- 主机名或主机 IP 地址：可以指定，也可以不指定，本地名默认为"localhost"，本地主机 IP 地址默认为"127.0.0.1"，可以使用"--host=主机名"形式。
- -P 端口号：可以指定端口号，并且 P 一定要使用大写形式，P 和后面的端口号之间要加空格，不指定时采用默认端口 3306。
- -u 用户名：指定登录用户名，u 和用户名之间可以加空格，也可以不加空格，可以使用"--user=用户名"形式。
- -p[密码]：可以指定登录密码，并且 p 一定要使用小写形式，p 和密码之间不能有空格，密码是可见的，如图 12-9 所示，可以省略密码，按 Enter 键确认后，根据系统提示输入密码，此时密码不可见，如图 12-10 所示。

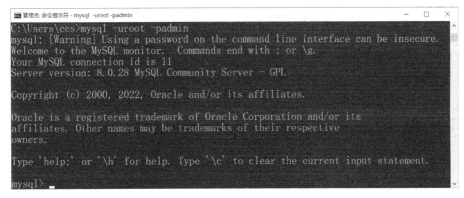

图 12-9　密码可见

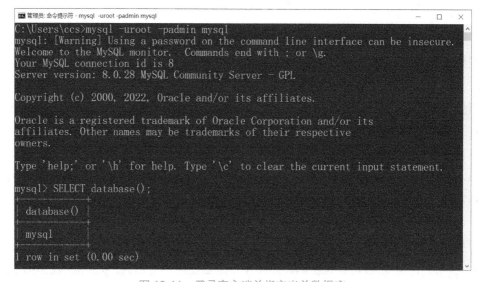

图 12-10　密码不可见

- 数据库名：可选参数，登录成功后指定输入当前数据库，如图 12-11 所示。

图 12-11　登录客户端并指定当前数据库

- -e SQL 语句：可选参数，指定数据库后还可指定执行的 SQL 语句，并且语句要加双引号，执行语句后系统会自动退出客户端，如图 12-12 所示。

图 12-12　登录客户端并执行 SQL 语句

2. SQL 注入及防范

SQL 注入是指 Web 应用程序对用户输入数据的合法性没有判断或判断不严格。在 Web 应用程序中，攻击者可以事先在定义好的查询语句的结尾添加额外的 SQL 语句，在管理员不知情的情况下实现非法操作，以此来实现欺骗数据库服务器执行非授权的任意查询，从而进一步得到相应的数据信息。

SQL 注入通常从正常的 WWW 端口访问，并且从表面来看和一般的 Web 页面访问没有什么区别，所以市面上的防火墙都不会对 SQL 注入发出警报。如果管理员没有查看 IIS 日志的习惯，那么可能被入侵很长时间都不会发觉。SQL 注入具有广泛性、隐蔽性、危害性大，以及操作方便等特点。

SQL 注入漏洞自发现以来，一直是常见的安全漏洞之一。截至目前，SQL 注入漏洞仍然在通用漏洞披露 CVE 列表中排位靠前。

SQL 注入攻击的危害性很大，并且防火墙很难对攻击行为进行拦截。主要的 SQL 注入攻击防范方法具体包括以下几个方面。

（1）分级管理：对用户进行分级管理，严格控制用户的权限，最好只有系统管理员才具有增、删、改权限。

（2）参数传值：程序员在编写 SQL 语句时，禁止将变量直接写入 SQL 语句中，必须通过设置参数来传递给变量，这样可以最大限度地防范 SQL 注入攻击。

（3）基础过滤与二次过滤：对用户输入进行检查，确保数据输入的安全性，在具体检查输入或提交变量时，对单引号、双引号、冒号等字符进行转换或过滤。危险字符有很多，在获取用户输入提交的参数时，先进行基础过滤，再根据程序的功能及用户输入的可能性进行二次过滤，以确保系统的安全性。

（4）漏洞扫描：系统管理员可以采购一些 SQL 漏洞扫描工具，通过专业的扫描工具可以先扫描到系统中存在的相应漏洞，再根据不同的情况采取相应的防范措施封堵相应的漏洞，从而把 SQL 注入攻击的"门"关上，以确保系统的安全。

（5）多层验证：为了确保系统的安全，访问者的数据输入必须经过严格的验证才能进入系统，验证没有通过的输入直接被拒绝访问数据库，并且向上层系统发出错误提示信息。在进行多层验证时，每个层次需要相互配合，并且在客户端和系统端都进行有效的验证防护。

（6）信息加密：可以对数据库的信息加密保存。

【任务实施】

任务 12-3　隐藏登录密码。

以 root 为用户名，登录成功后隐藏登录密码。

程序代码如下：

```
mysql -uroot -p
```

巩固与小结

（1）用户、权限、角色的对比如下所示。

操作	用户	权限	角色
创建	CREATE USER [IF NOT EXISTS] 用户名@主机名或主机 IP 地址 [IDENTIFIED BY[Random Password]或[密码]]		CREATE ROLE 角色名@主机名列表;
授权		GRANT 权限 [(字段列表)] ON 目标 TO 用户列表 [WITH 权限限制];	GRANT 权限列表 ON 目标 TO 角色名;
修改	RENAME USER 旧名 TO 新名; Mysqladmin -u 用户名 -p password "新密码"		
撤销		REVOKE 权限名 [(字段列表)] ON 目标 FROM 用户名@主机名;	REVOKE 角色名 FROM 用户名;
删除	DROP USER 用户名列表;		DROP ROLE 角色名列表;

（2）系统表：user 表、db 表、tables_priv 表和 columns_priv 表。

（3）通过 Navicat 管理用户和权限。

（4）登录 MySQL 客户端的各种技能。

（5）SQL 注入及防范。

任务训练

【训练目的】

（1）应用和巩固使用命令行创建与管理用户、权限、角色。

（2）应用和巩固通过 Navicat 创建与管理用户、权限。

（3）应用和巩固登录 MySQL 客户端的各种技能。

【任务清单】

（1）为 MySQL 创建一个新的超级用户 myroot，授予点餐系统数据库的所有操作权限。

（2）以点餐系统的每个表名加 u 为名创建用户，为每个用户授予对应表的 DELETE 权限。

（3）新建角色 myrole，为点餐系统所有表授予 SELECT 权限，并以点餐系统每个表名加 u 为名创建用户。

【任务反思】

（1）记录任务实施过程中遇到的问题，并思考应如何解决这些问题。

（2）是否解决了一些历史问题，是如何解决的？

（3）记录任务实施过程中的成功经验。

（4）思考任务解决方案还存在哪些漏洞，应如何完善解决方案？

习题

一、选择题

1．在 MySQL 数据库的 user 表中，（　　　）不属于用户类字段。

　　A．host　　　　　　　B．User　　　　　　　C．authentication_string　D．Insert_priv

2．下列添加用户 u 的语句中，错误是（　　　）。

　　A．CREATE USER u@localhost, IDENTIFIED BY "321";

　　B．CREATE USER u@"localhost", IDENTIFIED BY "321";

　　C．CREATE USER "u"@localhost, IDENTIFIED BY "321";

　　D．CREATE USER u@localhost, IDENTIFIED BY 321;

3．删除用户应使用（　　　）语句。

　　A．CREATE USER B．CREATE ROLE　C．DROP USER　　D．DROP ROLE

4．（　　　）表示所有权限。

　　A．ALL　　　　　　　B．*.*　　　　　　　C．数据库名.*　　　　D．数据库名.表名

5．（　　　）是数据库默认的端口号。

　　A．6033　　　　　　　B．3636　　　　　　　C．3306　　　　　　　D．6363

二、填空题

1．user 表中的字段大致可以分为 4 类，分别是_____、_____、_____和_____。

2．查看权限的命令是_____。

3．主要的 SQL 注入攻击防范方法包括_____、_____、_____、_____、_____和_____。

三、简答题

直接分配权限与通过角色分配权限哪个效率高？为什么？

附录

附录 A　习题参考答案

项目 1　初识数据库

一、选择题

1. D　2. B　3. D　4. D　5. C

二、填空题

1. Database Management System
2. 数据　信息
3. 有组织　可共享　统一管理

三、简答题

1. 简述数据库的概念和特点。

答：略。

2. 简述数据库的发展过程。

答：略。

项目 2　安装与使用 MySQL

一、选择题

1. B　2. D　3. D　4. B　5. C

二、填空题

1. 开源　多平台　数据库管理系统

2．net start mysql　net stop mysql

3．mysql －uroot －p 密码

三、简答题

简述 MySQL 的特点。

答：略。

项目 3　数据库设计基础

一、选择题

1．B　2．C　3．B　4．C　5．C　6．B　7．A　8．C　9．C　10．C

二、填空题

1．属性

2．一对一　一对多　多对多

3．第一范式/1NF

4．外键

三、简答题

1．什么是 E-R 图？构成 E-R 图的基本要素是什么？

答：略。

2．什么是关系模型？关系模型的表现形式是什么？

答：略。

3．如何把 E-R 图转换为关系模型？

答：略。

4．什么是关系规范化？范式有哪几种？

答：略。

项目 4　建库建表基础操作

一、选择题

1．A　2．D　3．D　4．C　5．B　6．A　7．D　8．B　9．C　10．B　11．A　12．C

二、填空题

1．浮点数　定点数　单精度浮点数（FLOAT）　双精度浮点数（DOUBLE）

2．表示更大的数据范围　容易产生计算误差

3．RENAME

4．逗号

三、简答题

1．简述创建数据库的 SQL 语句及其语法格式。

答：语法格式如下：

```
CREATE {DATABASE|SCHEMA}[IF NOT EXISTS] 数据库名
[[DEFAULT] CHARACTER SET 字符集名
|[DEFAULT] COLLATE 校对规则名]
```

2．简述 CHAR 类型和 VARCHAR 类型的区别。

答：（1）定长和变长。

CHAR 类型表示定长，即长度固定；VARCHAR 类型表示变长，即长度可变。对于 CHAR 类型，当插入的长度小于定义的长度时，用空格填充；对于 VARCHAR 类型，当插入的长度小于定义的长度时，还是按实际长度存储。

（2）CHAR 类型的查找效率比较高，VARCHAR 类型的查找效率比较低。

因为 CHAR 类型的长度固定，所以 CHAR 类型的存取速度比 VARCHAR 类型的快得多，方便程序的存储与查找；但是 CHAR 类型为此付出的是空间的代价，因为其长度固定，所以会占用多余的空间，可谓是以空间换时间。VARCHAR 类型则刚好相反，以时间换空间。

（3）存储的容量不同。

CHAR 类型最多能存储 255 个字符，和编码无关。

VARCHAR 类型最多能存储 65 532 个字符。VARCHAR 类型的最大有效长度由最大行大小和使用的字符集确定，整体最大长度是 65 535 字节。

3．简述数据库需要备份的原因。

答：当数据库发生故障时，会影响数据的正确性，甚至会破坏数据库。为了防止数据丢失，可以通过备份来恢复数据，以保证数据的完整性。

4．简述数据库备份和恢复的几种方式。

答：备份的几种方式如下：使用 mysqldump 命令备份，使用 SQL 语句备份数据表，使用 mysql 命令备份数据。

恢复的几种方式如下：使用 mysql 命令实现数据恢复，使用 LOAD DATA…INFILE 语句实现数据恢复，使用可视化工具实现数据恢复。

四、应用题

1．在数据库 gkeodm 中，使用 SQL 语句创建餐桌表 gkeodm_table 和菜品分类表 gkeodm_category，这两个数据表的结构如表 4-15 和表 4-16 所示。

程序代码如下：

```
CREATE TABLE gkeodm_table (
  id BIGINT(0) NOT NULL COMMENT '编号',
```

```
  tableName VARCHAR(20) DEFAULT NULL COMMENT '餐桌名称',
  capacity INT(0) NULL DEFAULT 0 COMMENT '容纳人数',
  PRIMARY KEY (id) USING BTREE
) ENGINE = InnoDB CHARACTER SET = utf8mb3 COLLATE = utf8mb3_bin ROW_FORMAT =
Dynamic;
CREATE TABLE gkeodm_category(
  id BIGINT(0) NOT NULL COMMENT '分类编号',
  name VARCHAR(30) DEFAULT NULL COMMENT '分类名称，唯一索引',
  createDate date DEFAULT NULL COMMENT '分类创建时间',
  userId BIGINT(0) DEFAULT NULL COMMENT '创建人编号，外键',
  pic VARCHAR(100) DEFAULT NULL COMMENT '图标地址',
  PRIMARY KEY (id) USING BTREE,
  UNIQUE INDEX in_name(name) USING BTREE,
  INDEX fk_userId(userId) USING BTREE,
  CONSTRAINT fk_userId FOREIGN KEY (userId) REFERENCES gkeodm.gkeodm_user
(userId) ON DELETE CASCADE ON UPDATE CASCADE
) ENGINE = InnoDB CHARACTER SET = utf8mb3 COLLATE = utf8mb3_bin ROW_FORMAT =
Dynamic;
```

2. 将数据库 gkeodm 中的用户表 gkeodm_user 备份到 E 盘的 backup 目录下。

程序代码如下：

```
SELECT * FROM gkeodm_user INTO OUTFILE 'E:/backup/gkeodm_user_data.txt';
```

项目 5　数据的简单查询

一、选择题

1. C　2. C　3. B　4. C　5. A

二、填空题

1. 行　列　临时表

2. %

3. BETWEEN...AND

4. LIMIT

5. DISTINCT

项目 6　数据的插入、修改和删除操作

1. 如果删除所有记录，那么 DELETE 语句与 TRUNCATE 语句的区别体现在哪些方面？

答：略。

2. 通过地区表 area 创建 area1 表，在创建的同时只保留关于"广州"的记录。

答：略。

3．通过地区表 area 创建 area2 表，在创建的同时只保留中文名、车牌代码。

答：略。

4．在工资表中给每位员工的工龄加 1 年。

答：略。

5．在地区表 area 中，用一条语句将揭阳的别名改为亚洲玉都，将人口数量改为 6 105 000 人。

答：略。

项目 7 数据的高级查询

1．列举几个能使用 WITH ROLLUP 进行统计的函数。

答：略。

2．多列排序，如果都是降序，那么是否可以只使用一个 DESC？

答：略。

3．GROUP_CONCAT 中的 CONCAT 是由哪个英语单词缩写得到的？

答：略。

4．简述 DISTINCT 与 GROUP BY 的区别。

答：略。

项目 8 设置数据完整性与索引

一、选择题

1．A　2．C　3．C　4．B　5．B　6．B　7．B　8．C　9．A　10．D

二、填空题

1．从表　子表　主表　父表　主键　从表

2．从表　主表　主表　从表　主表

3．普通索引　唯一索引　全文索引　空间索引

4．5

5．唯一约束　主键约束　唯一约束　主键约束

三、简答题

1．简述数据完整性的概念和 MySQL 中的 6 种完整性约束。

答：略。

2．简述索引的概念和分类。

答：略。

项目 9　多表查询应用

一、选择题

1．B　2．A　3．B　4．C　5．C

二、填空题

1．SELECT　FROM　WHERE

2．1 000 000

3．JOIN　ON　表 2

三、简答题

1．简述多表连接查询的种类。

答：略。

2．简述子查询的类型。

答：略。

项目 10　使用视图

一、选择题

1．A　2．C　3．A　4．D　5．B

二、填空题

1．虚拟表　基本表　基本表

2．修改视图

3．DROP VIEW 视图名;

三、简答题

简述视图的优点。

答：略。

项目 11　数据库编程

一、选择题

1．A　2．B　3．D　4．D　5．C　6．C　7．D　8．A　9．D　10．B

二、填空题

1．AFTER　BEFORE

2．输入参数 IN　输出参数 OUT　输入/输出参数 INOUT

3．原子性　一致性　隔离性　持久性

4．声明游标　打开游标　读取游标　关闭游标

5．字符串常量　数值常量　日期和时间常量　布尔值　空值 NULL

三、简答题

1．简述函数与存储过程的异同。

答：略。

2．简述选择结构和循环结构程序设计主要用来解决哪些问题。

答：略。

项目 12　管理数据库

一、选择题

1．D　2．D　3．C　4．A　5．C

二、填空题

1．用户类字段　权限类字段　安全类字段　资源控制类字段

2．SHOW GRANTS

3．分级管理　参数传值　基础过滤与二次过滤　漏洞扫描　多层验证　信息加密

三、简答题

直接分配权限与通过角色分配权限哪个效率高？为什么？

答：略。

附录 B　常见的系统函数及其使用方法

表 B-1　MySQL 中的字符串函数

函数	功能	应用
ASCII()	返回字符串 str 的第一个字符的 ASCII 码	SELECT ASCII("abc"); 返回字符串"abc" 第一个字符的 ASCII 码。 结果：97
CHAR_LENGTH(str)	返回字符串 str 的字符数	SELECT CHAR_LENGTH ("abc"); 结果：3
CHARACTER_LENGTH(str)	返回字符串 str 的字符数	SELECT CHARACTER_LENGTH ("abc"); 返回字符串"abc"的长度。 结果：3。 SELECT CHARACTER_LENGTH ("我是中国人"); 返回字符串"我是中国人"的长度。 结果：5

函数	功能	应用
CONCAT(str1,str2...strn)	将字符串 str1 和 str2 等合并为一个字符串	SELECT CONCAT("我是","中国人,","我爱","钓鱼岛。"); 将"我是","中国人,"、"我爱"和"钓鱼岛。"合并为一句话。 结果：我是中国人，我爱钓鱼岛。
CONCAT_WS(str, str1,str2...strn)	将字符串 str1 和 str2 等合并为一个字符串,但是每个字符串之间要加上 str,str 可以是分隔符	SELECT CONCAT_WS("省，","广东","湖南","云南","江西"); 将"广东"、"湖南"、"云南"和"江西"合并为一句话，并且在原来的每个字符串之间加"省，"，但最后面没有加"省，"。 结果：广东省，湖南省，云南省，江西 SELECT CONCAT_WS("#","读书","写字","思考","运动"); 将"读书"、"写字"、"思考"和"运动"合并为一句话，并且在原来的每个字符串之间加"#"，但最后面没有加"#"。 结果：读书#写字#思考#运动
INSERT(str1,n,len,str2)	用字符串 str2 替换字符串 str1 从第 n 个位置开始的长度为 len 的字符串	SELECT INSERT("我的家乡是广东",6,2,"湖南"); 将字符串"我的家乡是广东"从第 6 个位置开始的 2 个字符替换为"湖南"。 结果：我的家乡是湖南
LOCATE(str1,s)	从字符串 str 中获取 str1 的开始位置	SELECT LOCATE("广东","我的家乡是广东"); 返回"广东"在"我的家乡是广东"中的开始位置。 结果：6
LEFT(str,n)	返回字符串 str 的前 n 个字符	SELECT LEFT("张家界因旅游建市",3); 返回"张家界因旅游建市"前 3 个字符。 结果：张家界
LOWER(str)	将字符串 str 的所有字母变成小写形式	SELECT LOWER ("ABC"); 将"ABC"转换为小写形式。 结果：abc。 其功能与 LCASE(str)的功能相同
LTRIM(str)	删除字符串 str 开始处的空格	SELECT LTRIM(" a b c"); 删除字符串" a b c"开始处的空格。 结果：a b c
MID(str,n,len)	从字符串 str 的第 n 个位置截取长度为 len 的子字符串	SELECT MID("我今年的愿望是去西藏旅行", 9, 2); 从字符串"我今年的愿望是去西藏旅行"中的第 9 个位置截取 4 个字符。 结果：西藏旅行
POSITION(str1 IN str)	从字符串 str 中获取 str1 的开始位置	SELECT POSITION("西藏旅行" IN "我今年的愿望是去西藏旅行"); 返回字符串"我今年的愿望是去西藏旅行"中"西藏旅行"的位置。 结果：9

函数	功能	应用
REPEAT(str,n)	将字符串 str 重复 n 次	SELECT REPEAT("父爱如山!",3); 将字符串"父爱如山!"重复 3 次。 结果：父爱如山!父爱如山!父爱如山!
REPLACE(str,str1,str2)	用字符串 str2 替换字符串 str 中的字符串 str1	SELECT REPLACE("我今年的愿望是去西藏旅行","西藏","青海湖"); 在"我今年的愿望是去西藏旅行"字符串中，用"青海湖"替换"西藏"。 结果：我今年的愿望是去青海湖旅行
REVERSE(str)	将字符串 str 的顺序反过来	SELECT REVERSE("我爱妈妈") ; 将"我爱妈妈"反过来。 结果：妈妈爱我
RIGHT(str,n)	返回字符串 str 的后 n 个字符	SELECT RIGHT("为中华之崛起而读书",8); 返回"为中华之崛起而读书"后 8 个字符。 结果：中华之崛起而读书
RTRIM(str)	删除字符串 str 结尾处的空格	SELECT RTRIM(" a b c"); 删除字符串" a b c"右端的空格。 结果： a b c
STRCMP(str1,str2)	从左至右比较字符串 str1 和 str2 的对应位；若 str1>str2，则返回 1；若 str1<str2，则返回-1；若 str1 与 str2 相等，则比较下一次；若所有位都相等，则返回 0	SELECT STRCMP("a", "a"); 结果：0。 SELECT STRCMP("a", "aa"); 结果：-1。 SELECT STRCMP("aa", "a"); 结果：1
SUBSTR(str, start, length)	从字符串 str 的第 start 个位置截取长度为 length 的子字符串	SELECT SUBSTR("母爱最伟大！", 3, 3); 从字符串"母爱最伟大！"中的第 3 个位置截取 3 个字符。 结果：最伟大
SUBSTRING_INDEX(str, delimiter,number)	返回从字符串 str 的第 number 个出现的分隔符 delimiter 之后的子串。 若 number 是正数，则返回第 number 个字符左边的字符串。 若 number 是负数，则返回第[number 的绝对值（从右边数)]个字符右边的字符串	SELECT SUBSTRING_INDEX("12*89","*",1); 在"12*89"中，返回第 1 个"*"左边的字符串。 结果：12。 SELECT SUBSTRING_INDEX("12*89","*",-1); 在"12*89"中，返回第 1 个"*"右边的字符串。 结果：89。 SELECT SUBSTRING_INDEX("12*89*45","*",2); 在"12*89*45"中，返回第 2 个"*"左边的字符串。 结果：12*89。 SELECT SUBSTRING_INDEX("12*89*45","*",1); 在"12*89*45"中，返回第 1 个"*"左边的字符串。 结果：12
TRIM(str)	删除字符串 str 开始和结尾处的空格	SELECT TRIM(" a b c"); 删除字符串" a b c"左右两端的空格。 结果：a b c

续表

函数	功能	应用
UPPER(str)	将字符串 str 转换为大写形式	SELECT UPPER("abc"); 将字符串"abc"转换为大写形式。 结果：ABC

表 B-2　MySQL 中的数字函数

函数名	功能	应用
ABS(x)	返回 x 的绝对值	SELECT ABS(−5); 求−5 的绝对值。 结果：5
CEIL(x)	返回大于或等于 x 的最小整数	SELECT CEIL(3.5), CEIL(−3.5); 结果：4,−3
CEILING(x)	返回大于或等于 x 的最小整数	SELECT CEILING(3.5), CEILING(−3.5); 结果：4,−3
n DIV m	整除，n 为被除数，m 为除数	SELECT 10 DIV 3; 结果：3
FLOOR(x)	返回小于或等于 x 的最大整数	SELECT FLOOR(3.5),FLOOR(−3.5); 结果：3，−4
MOD(x,y)	返回 x 除以 y 之后的余数	SELECT MOD (10,3); 结果：1
PI()	返回圆周率 3.141593	SELECT PI(); 结果：3.141593
POW(x,y)	返回 x 的 y 次方	SELECT POW(3,5); 结果：243
POWER(x,y)	返回 x 的 y 次方	SELECT POWER (3,5); 结果：243
RAND()	返回 0~1 的随机数	SELECT RAND(); 结果：0.7734941242015866
ROUND(x [,y])	返回离 x 最近的整数，可选参数 y 表示要四舍入的小数位数，若省略，则返回整数	SELECT ROUND(3.34), ROUND(3.34,1); 结果：3,3.3
SIGN(x)	返回 x 的符号，x 是负数、0 和正数分别返回−1、0 和 1	SELECT SIGN (−5), SIGN (0), SIGN (5); 结果：−1,0,1
SQRT(x)	返回 x 的平方根	SELECT SQRT(5),SQRT(−5); 结果：2.23606797749979，NULL
TRUNCATE(x,y)	返回数值 x 保留到小数点后y位的值（与 ROUND 最大的区别是不会进行四舍五入）	SELECT TRUNCATE(3.34,1),TRUNCATE(3.37,1); 结果：3.3,3.3

表 B-3　MySQL 中的日期函数

函数名	功能	应用
ADDDATE(d,n)	计算起始日期 d 加上 n 天的日期	SELECT ADDDATE("2023-2-14",90); 结果：2023-05-15
ADDTIME(t,n)	返回时间 t 后 n 天的日期	SELECT ADDDATE("2023-2-14",90); 结果：2023-05-15
CURDATE()	返回当前日期	SELECT CURDATE(); 结果：2023-02-16
CURRENT_DATE()	返回当前日期	SELECT CURRENT_DATE(); 结果：2023-02-16
CURRENT_TIME()	返回当前时间	SELECT CURRENT_TIME (); 结果：21:36:43
CURRENT_TIMESTAMP()	返回当前日期和时间	SELECT CURRENT_TIMESTAMP(); 结果：2023-02-16 21:37:13
CURTIME()	返回当前时间	SELECT CURTIME(); 结果：21:37:41
DATE()	从日期或日期时间表达式中提取日期值	SELECT DATE("2023-02-16 21:37:13"); 结果：2023-02-16
DATEDIFF(d1,d2)	计算日期 d1 和 d2 之间相隔的天数	SELECT DATEDIFF("2023-02-16 21:37:13", CURDATE()); 结果：0
DATE_FORMAT(d,f)	按表达式 f 的要求显示日期 d	SELECT DATE_FORMAT("2023-02-16","%Y/%m/%d"); 结果：2023/02/16
DAY(d)	返回日期值 d 的日期部分	SELECT DAY("2023-02-16 21:37:13"); 结果：16
DAYNAME(d)	返回日期 d 是星期几，如 Monday 和 Tuesday	SELECT DAYNAME ("2023-02-16 21:37:13"); 结果：Thursday
HOUR(t)	返回 t 中的小时值	SELECT HOUR ("2023-02-16 21:37:13"); 结果：21
LOCALTIME()	返回当前日期和时间	SELECT LOCALTIME(); 结果：2023-02-16 22:24:12
LOCALTIMESTAMP()	返回当前日期和时间	SELECT LOCALTIMESTAMP(); 结果：2023-02-16 22:23:53
MAKETIME(hour, minute, second)	组合时间，参数分别为小时、分钟和秒	SELECT MAKETIME (10,10,10); 结果：10:10:10
MICROSECOND(date)	返回日期参数所对应的微秒数	SELECT MICROSECOND("2023-02-16 21:37:13"); 结果：0
MINUTE(t)	返回 t 中的分钟值	SELECT MINUTE ("2023-02-16 21:37:13"); 结果：37
MONTHNAME(d)	返回日期当中的月份名称，如 November	SELECT MONTHNAME (2023-02-16 21:37:13); 结果：February

续表

函数名	功能	应用
MONTH(d)	返回日期 d 中的月份值，1 到 12	SELECT MONTH (2023-02-16 21:37:13); 结果：2
NOW()	返回当前日期和时间	SELECT NOW(); 结果：2023-02-16 22:19:33
SECOND(t)	返回 t 中的秒钟值	SELECT SECOND("2023-02-16 21:37:13"); 结果：13
STR_TO_DATE(string, format_mask)	将字符串转换为日期	SELECT STR_TO_DATE('21,5,2023','%d,%m,%Y'); 结果：2023-05-21
TIME_FORMAT(t,f)	按表达式 f 的要求显示时间 t	SELECT TIME_FORMAT("19:30:10","%H %i %s"); 结果：19 30 10
TIMEDIFF(time1, time2)	计算时间差，time1-time2	SELECT TIMEDIFF ("21:47:13", "21:37:23"); 结果：00:09:50
TIMESTAMPDIFF(unit,datetime_expr1,datetime_expr2)	计算时间差，返回 datetime_expr2-datetime_expr1 的时间差	SELECT TIMESTAMPDIFF(day,"2023-02-16" ,"2023-05-15"), TIMESTAMPDIFF(month,"2023-02-16" ,"2023-05-15") ,TIMESTAMPDIFF(year,"2023-02-16" ,"2023-05-15"); 结果：88,2,0
YEAR(d)	返回年份	SELECT YEAR ("2023-02-16"); 结果：2023

表 B-4　MySQL 中的其他函数

函数名	功能	应用
CAST(x AS type)	转换数据类型	SELECT CAST("2023-02-16" AS DATETIME); 结果：2023-02-16 00:00:00
CONVERT(s,cs)	将字符串 s 的字符集变成 cs 类型	SELECT CONVERT("2023-02-16", DATE); 结果：2023-02-16
CURRENT_USER()	返回当前用户	SELECT CURRENT_USER(); 结果：root@localhost
DATABASE()	返回当前数据库名	SELECT DATABASE(); 结果：gdci
ISNULL(expression)	判断表达式是否为 NULL	SELECT ISNULL("2023-02-16"); 结果：0
LAST_INSERT_ID()	返回最近生成的 AUTO_INCREMENT 值	SELECT LAST_INSERT_ID(); 结果：0
USER()	返回当前用户	SELECT USER(); 结果：root@localhost
VERSION()	返回数据库的版本号	SELECT VERSION(); 结果：8.0.28

附录 C　常见的运算符及其优先级

表 C-1　算术运算符

运算符	作用	应用
+	加法	SELECT 1+2; 结果：3
−	减法	SELECT 10−2; 结果：8
*	乘法	SELECT 3*2; 结果：6
/ 或 DIV	除法	SELECT 2/3; 结果：0.6667。 SELECT 2 DIV 3; 结果：0
% 或 MOD	取余	SELECT 2%3; 结果：2。 SELECT 2 MOD 3; 结果：2

表 C-2　运算符的优先级

优先级由低到高排列	运算符
1	=（赋值运算符）、:=
2	‖、OR
3	XOR
4	&&、AND
5	NOT
6	BETWEEN、CASE、WHEN、THEN、ELSE
7	=（比较运算符）、<=>、>=、>、<=、<、<>、!=、IS、LIKE、REGEXP、IN
8	|
9	&
10	<<、>>
11	−（减号）、+
12	*、/、%
13	^
14	−（负号）、~（位反转）
15	!